环 境 保 护 知 识 必 读 丛 书

大 地

DADI WEI WOMEN QIAOXIANG

D E J I N G Z H O N G

为我们敲响的警钟

本书编写组◎编

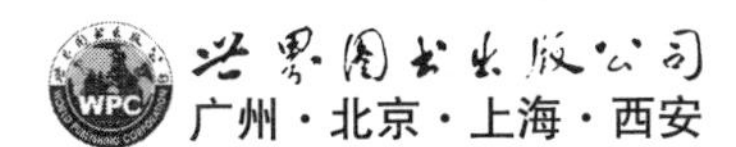

世界图书出版公司
广州 · 北京 · 上海 · 西安

图书在版编目（CIP）数据

大地为我们敲响的警钟 /《大地为我们敲响的警钟》编写组编 . —广州：广东世界图书出版公司，2010. 4 （2024.2 重印）
ISBN 978 - 7 - 5100 - 1530 - 4

Ⅰ. ①大… Ⅱ. ①大… Ⅲ. ①环境保护 - 基本知识 Ⅳ. ①X

中国版本图书馆 CIP 数据核字（2010）第 059281 号

书　　名	大地为我们敲响的警钟 DADI WEIWOMEN QIAOXIANG DE JINGZHONG
编　　者	《大地为我们敲响的警钟》编写组
责任编辑	左先文
装帧设计	三棵树设计工作组
出版发行	世界图书出版有限公司　世界图书出版广东有限公司
地　　址	广州市海珠区新港西路大江冲 25 号
邮　　编	510300
电　　话	020-84452179
网　　址	http://www.gdst.com.cn
邮　　箱	wpc_gdst@163.com
经　　销	新华书店
印　　刷	唐山富达印务有限公司
开　　本	787mm × 1092mm　1/16
印　　张	10
字　　数	120 千字
版　　次	2010 年 4 月第 1 版　2024 年 2 月第 11 次印刷
国际书号	ISBN　978-7-5100-1530-4
定　　价	48.00 元

前　言

据联合国的资料,目前荒漠化已影响到世界 1/5 的人口和全球 1/3 的陆地,对全球环境及许多发展中国家人民的生活和生存造成了严重灾难,已成为导致贫困和阻碍经济与社会持续发展的重要因素。

中国是世界上受荒漠化危害最为严重的国家之一。按照定义,我国干旱、半干旱和亚湿润干旱区分布于新疆、内蒙古、西藏、青海、甘肃、河北、宁夏、陕西、山西、山东、辽宁、四川、云南、吉林、海南、河南、天津、北京等 18 个省、自治区、直辖市的大部或一部分,涉及 471 个县(市)、旗。这也是我国可能发生荒漠化的地理范围,总面积为 331.7 万平方千米。在此范围内,现已实际发生荒漠化的土地面积为 262.2 万平方千米,占该区域面积的 79%,占国土面积的 27.3%。

据调查,我国土地荒漠化在总体上仍呈扩展趋势。20 世纪 70 年代以来,沙化土地面积平均每年以 2460 平方千米的速度扩展,相当于每年有一个中等县的土地被沙化。

荒漠化的危害是十分严重的。据专家研究和测算,全国每年因荒漠化造成的直接经济损失达 5.4 亿元。

沙尘暴,又称黑风暴,是发生在沙漠地区的一种自然现象。沙漠地区的大量流沙,是沙尘暴的沙源,春季的大风是沙尘暴的凭借力量。

近百年来,由于人类过度垦荒,过度放牧,乱砍滥伐,使地表植被遭到严重破坏,大片土地成为裸地。随着荒漠化的不断加快,沙尘暴的范围也逐渐扩大了,沙尘暴的程度也逐渐加重了。2000 年春季,首都北京连续 8 次遭到沙尘暴的袭击。据科学家计算,在一块草原上,刮走 18 厘米厚的表土,需要 2000 多年的时间;如把草原开垦成农田,则只需 49 年;若是裸地,则只需 18 年。从沙尘暴的起因与发展来看,人为破坏环境,破坏地表植被是沙尘暴最重要的起因。因此,只有保护好植被,防止土地沙漠化,才能真正减少沙尘暴危害。

我国的沙尘暴灾害可以说是愈演愈烈。据专家统计,1952 ~ 1993 年,我国西北地区发生沙尘暴的次数是:50 年代 5 次,60 年代 8 次,70 年代 13 次,80 的代 14 次;1993 年发生了一次剧烈的黑风暴事件。之后,每年四五月份,甘肃河西走廊至少要发生一次;而在 2000 年,连续就是 8 次。据权威专家分析,在 10 ~ 20 年内,面对人口越来越多、生态环境越来越恶化的现状,如果不采取得力措施,我国沙尘暴的频率、强度和危害程度还有进一步加剧的可能。

沙尘暴产生的根本原因是人类的不合理活动。

由上述内容可知,人类以往对土地的破坏十分严重,大地已经开始为我们人类敲响了警钟。

《大地为我们敲响的警钟》这本书为我们介绍了一些人类破坏土地资源状况及所引发的后果,告诫人们要保护土地资源,使人类将来能够长期地与地球上宝贵的土地和谐发展。

目 录
Contents

地球的“黄斑”——沙漠

土地的荒漠化

我们生活的星球称做地球，并非偶然。地球上的一切生命都依赖覆盖各洲陆地的一层脆弱、松散的泥土。没有它，动物就永远不会从海洋里爬上来，就不会有农作物、森林，更不会有高等动物——人类。就连海洋生物也要依靠从陆地来的泥土和营养物质生存。

地球表面的土地

这层宝贵的泥土是地球的肌肉，其形成过程极为缓慢，却可能毁于旦夕。2～3 厘米厚的土壤可能需要几百年累积起来，在不经意间，可能在一季之内被风吹走，被水冲掉。这个称为地球的行星上的泥土目前正在全面迅速地消失。

大家都知道，地球是我们人类生存的家园，但是，并不是地球上所有的地方都适合人类居住。比如沙漠，那里缺少水源，不适合人类生存。

据观察研究估计，每年各洲损失240亿吨的表土。过去20年来全球损失的表土相当于美国全国农地上所覆盖的表土，而且情况越来越严重。

危机情况最严重的地方莫过于占地球土地1/3以上的干旱区域：这些地区的土壤特别脆弱，植物稀少，气候特别严酷——荒漠化就是在这些地区出现。全世界用于农业的52亿公顷旱作农田、牧场（旱地）之中，大约70%已经退化。世界陆地总面积将近30%已经遭到荒漠化的危害。

干涸的土地

非洲10亿公顷的土地（占非洲旱地的73%），发生中度或严重荒漠化。亚洲14亿公顷土地也受到影响。旱地发生严重或中度荒漠化的比例最高的一个洲是北美洲，占74%。欧洲联盟有5个国家也发生荒漠化，而亚洲受影响最大的地区是在中亚。总计起来，110多个国家境内的旱地面临荒漠化的威胁。据联合国环境规划署的估计，荒漠化使全世界每年蒙受420亿美元的损失，仅仅非洲每年就损失90亿美元。

人类蒙受的损失还要巨大。10亿以上的人口——几乎占全球总人口的1/5的生计现在面临威胁。1.35亿人口——相当于法国、意大利、瑞士和荷兰4国人口的总和在被迫背井离乡。不知道有多少人已经被迫舍弃他们化为沙尘的土地，这也是城市贫民区不断扩大的原因之一。1965～1988年，住在首都努瓦克肖特的毛里塔尼亚人口的比例，从9%增加到41%，而牧民的比例则从73%降低到7%。

新近失去土地的人们随着被风吹走的土壤迁徙，而他们的迁徙却使远处地区和国家受到连带影响。举例来说，荒漠化就是迫使墨西哥人越界迁徙到美国的因素之一，塞内加尔河流域上游和中游地区 1/5 的人们已经迁徙；从巴克尔地区迁徙到法国的人多于留在家乡各村庄的人。如果有机会，人们宁可留在家乡。荒漠化同干旱区域目前发生的十几个地区武装冲突有一定关系。它在索马里等动乱地区促成部族矛盾、政治动荡、饥荒和社会瓦解，并使大量资金耗用于救灾和人道主义援助。同时，它还加剧全球升温和生物多样性消失等日趋严重的环境危机。

什么叫荒漠化？荒漠化指“包括气候变化和人类活动在内的种种因素造成的干旱、半干旱和亚湿润干旱地区的土地退化”。过去 20 年，人们对荒漠化的概念极有争议。《联合国防治荒漠化公约》（以下简称公约）采用的这个荒漠化定义，是由世界各国领导人 1992 年在里约热内卢地球问题首脑会议上商定的——它把荒漠化同时归咎于气候变化和人类活动。并补充指出：“荒漠化的成因是各类自然、生物、政治、社会、文化和经济因素的复杂相互作用。”

荒漠化往往因为干旱而加剧或暴发。但是，最直接的成因通常是 4 种人类活动：过度种植致使土壤衰竭；过度放牧毁掉赖以防止土壤退化的植被；砍伐森林砍掉赖以固定陆地土壤的树木；而排水不良的灌溉方法则使农田盐渍化，每年造成大约 50 万公顷的农田发生荒漠化——面积大约相当于每年新增加的灌溉农地。

过去人们往往指责旱地人们过度使用土地和砍伐树林，因而自毁生计。但正如《公约》所承认的，常常有各种更深远的根本原因使他们无可选择，其中的主要原因是贫穷。它迫使穷人在短期之内从土地中取得尽可能多的收获来养家糊口，尽管这种做法等于断送自己的长远前途。

旱地的穷人在决定自己命运方面往往没有什么发言权。他们甚至被排挤到本国社会的边缘，无权拥有自己的土地，对国家或区域的政治也没有影响力。无论在经济上、政治上或地理上，他们都属于世界上最默默无闻的人——而妇女通常受荒漠化的影响最大，即使在本国社会里，她们也是所有人之中最缺乏影响力的人。她们非常容易受气候及国家经

济和全球经济的无常变化所影响。干旱能把她们置于苦难之中，但雨量充足也能把她们置于苦难之中，因为雨量充足有时造成粮食过剩，粮价降低。

随着人口和对农产品需求的增加，土地的传统管理制度正在崩溃——而各种新方法，往往是单作方法的采用，更加剧这种情况。越来越多的优良土地被强行征用，没有适当地注意到养护，而贫困的农民和牧民则被赶到贫瘠的土地上去。

过去，制定社会和经济发展规划的人员往往惯于忽视旱地的人们。但是，穷人长久以来一直依靠这种脆弱的生态系统勉强维持生活，比别人更加了解这种生态系统，应该把他们当作防治荒漠化的关键因素。

《公约》中承认这一点，并且如同1995年哥本哈根社会发展问题首脑会议所强调的，也承认发展必须以人类为目标，才能实现可持续发展。《公约》开拓新的领域，并采用一种“自上而下”的办法，坚持必须让当地人们充分参与决定如何对付荒漠化问题，并应解决他们的贫困。因此，《公约》使人们希望不但能够遏止和逆转荒漠化，而且能够提高地球上一些最贫困人们的收入和自尊心，鼓励他们留在自己的土地上。《公约》提供最好也可能是最后的机会，来对付与荒漠化相关联的各种危机。

我国旱地面积广阔，占国土面积的1/3以上，是荒漠化危害严重的国家之一。据环境部门的统计，2008年我国有各种类型的荒漠化土地12951.32万公顷，约占干旱、半干旱和干旱、半湿润地区总土地面积的1/3。而20年前这个数字还不足1亿公顷。在2008年荒漠化土地中风蚀引起的沙质荒漠化土地占6843.62万公顷，占53.41%；水蚀造成的荒漠化土地4537.70万公顷，占37.04%；灌溉不当引起盐渍化荒漠化土地1170万公顷，占9.55%。1986年全国生态破坏造成的直接经济损失为831.4亿元，约占同期我国GDP（国民经济生产总值）的8.57%，其中，属于土地退化方面的有500多亿元。损失随着经济的发展同步增加，美国东西方中心关于中国1990年环境经济损失的计算结果，土地荒漠化的损失为：低值607亿元，高值1161亿元。相当于当

年 GDP 的3.45%～6.59%。2008 年我国 GDP 已达到10000 亿美元，据此估算，土地荒漠化的损失超过4000 万亿人民币。

我国政府十分重视北方和西部地区的生态环境建设。1978 年以来，先后安排了包括“防治荒漠化”在内的“十大生态工程”。提出“西部大开发”战略思路以后，又将中西部退耕还林（草）和生态建设及种苗工程作为“西部十大工程之一”陆续启动，这一工程从2000 年起，陆续在长江上游的云南、四川和黄河上中游地区的陕西、甘肃等13 个荒漠化严重发展的省区开展退耕还林（草）试点工程建设，计划退耕 34.3 万公顷，同时安排宜林荒山荒地人工造林种草 43.2 万公顷。2000 年又紧急启动了“环首都圈防沙紧急行动”。尽管如此，在不经意中对土地环境的破坏，使人们刻意治理恢复时是那样的困难，而且在人类继续按习惯使用土地的情况下，所造成的“新的破坏”，“治理的速度赶不上破坏的速度”。土地荒漠化还在严重发展。据有关部门发表的数字，仅风蚀引起的沙质荒漠化土地每年就增加 24.6 万公顷。荒漠化向我们提出了一个严肃的话题。

人类的觉悟

恩格斯早在100 多年前，就告诫人们：“不要陶醉于我们对自然界的胜利!”“每一次的胜利，在第一步都确实取得了我们预期的结果，但是第二步和第三步都有完全不同出乎意料的影响，常常把第一个结果又取消了。”“今天的生产方式中，对自然和社会，注意到最初的、最为显著的结果，然后人们又感到惊奇的是，为达到上述结果而采取的行为所产生的比较远的影响，却完全是另外一回事，在大多数情况下，甚至是完全相反的。”

人们是否真正懂得了恩格斯这一预言的含义呢?

的确，人类每一次对自然的胜利，大自然都做出相应的反应。

突出的问题

人类在地球上出现已经200多万年，世界人口从公元元年约2.5亿发展到1850年约10亿，虽然经历了2次世界大战，1950年世界人口约为20亿，1990年为53亿，2000年已达到60亿。

人造卫星

融化的冰川

回首20世纪，人类的科学技术取得了飞速地进步，新生事物层出不穷。仅近60年我们就可以举出计算机、核能发电、电视、超音速飞机、人造卫星、生物工程、器官移植、克隆技术、网络通信等。20世纪，人类的财富积累、生活水准提高、社会福利保障等均取得了前所未有的成就。

然而在伟大的成就面前，许多有识之士理智地发现，今天，也是人为破坏环境最严重的时期。在人口和财富迅速增长的同时，人类的生存环境面临着极大的危机，比较突出的环境问题有如下几点。

（1）由于人类活动排放大量的温室气体，特别是煤、天然气、石油等化石燃料排放的二氧化碳的增加，全球气候变化呈现变暖趋势。

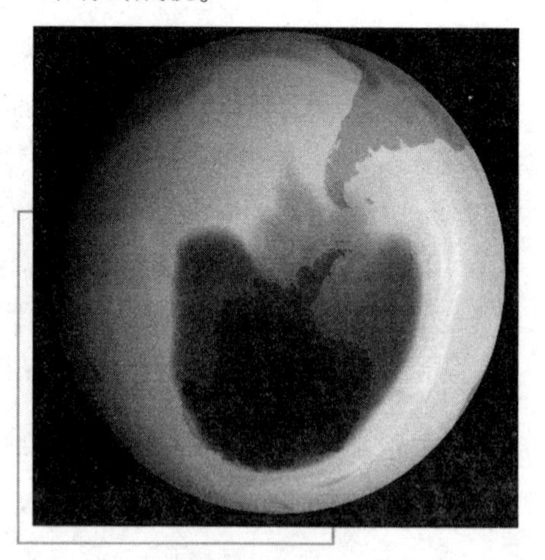

臭氧层空洞

一些科学家预测，如果不采取措施，到2025年二氧化碳气体的浓度在现在增加的基础上，再增加1倍，地球表面大气的平均温度将上升1℃，储存在南极和北极地区的冰川将大量融化，海平面升高，对沿海地区，尤其是岛国造成威胁。

被破坏的森林

(2) 生物多样性正在不断损失。世界上已经很多的物种消失，其中有许多是迄今为止我们还未曾描述过的。

(3) 人类向大气排放的氯氟烃类物质和氧化亚氮破坏高空的臭氧。自20世纪50年代以来的观测表明，高空臭氧有减少的趋势，70年代以后这种趋势更为明显，特别是在高纬度地区已经形成了臭氧层空洞。

工业污染

(4) 荒漠化土地不断扩大。全球有36亿公顷干旱土地受到荒漠化的直接危害，且还以每年600万公顷以上的速度增长。

(5) 森林锐减。全球每年有1200万公顷的森林消失，特别是热带雨林的减少趋势明显。

(6) 工业污染严重，油轮漏油事故屡屡发生，化工污染层出不穷，垃圾包围城市。印度博帕尔农药厂发生泄露，造成2000人死亡，数千人失明和残废。前苏联切尔诺贝利核反应堆事故，使得核尘埃遍布欧洲，其影响至今仍在。

（7）资源短缺，已使许多国家深受其害，更成为一些国家之间发生冲突的原因。

这些已威胁到社会能否持续发展，人类能否继续生存。

为争夺资源而爆发的海湾战争

国际社会的重视

环境与发展这一关系到人类前途命运的重大问题曾引起国际社会的关注。

1992年6月，102位国家元首或政府首脑出席了在巴西里约热内卢召开的联合国环境与发展大会。会议讨论了工业化的温室气体排放使全球变暖及所带来的一系列问题。通过了《里约宣言》、《21世纪议程》、《联合国气候变化框架公约》、《联合国生物多样性公约》和《关于森林问题的原则声明》等重要文件；并呼吁各国政府加强国际合作，制定并实施自己的可持续发展战略。

土地荒漠化是地球植被破坏以后出现的，威胁人类生存环境和影响社会可持续发展的又一重大灾难。土地荒漠化与全球的气候变化有关。《21世纪议程》将防治荒漠化作为重要的问题纳入。

1992年环发大会后，联合国通过47/188号决议，成立了《联合国关于发生严重干旱和荒漠化的国家/特别是在非洲防治荒漠化的公约》政府间谈判委员会，《公约》谈判从1993年开始，历经内罗毕、日内瓦、纽约、巴黎等5次会议，经过13个月的艰苦谈判，于1994年6月17日在巴黎通过了《联合国关于发生严重干旱和荒漠化的国家/特别是在非洲防治荒漠化的公约》。

截至1995年5月，有105个国家和地区签署了《联合国防治荒漠化公约》，公约于1996年12月26日生效。我国政府代表团参加了所有的政府间

谈判工作，于1997年2月批准了公约，成为缔约国之一。1997年在罗马召开了第一次缔约国会议。

包括土地荒漠化在内的问题早就引起公众的注意。国际社会于1972年在瑞典斯德哥尔摩召开了人类环境会议，发表了《人类环境宣言》，定6月4日为人类环境日。

20世纪60年代末至70年代初期（1968～1974年），非洲持续6年发生特大干旱，撒哈拉沙漠西南的萨赫勒地区首当其冲。尼日尔、马里、上沃尔特、毛里塔尼亚、乍得、肯尼亚等国的耕地全部龟裂，成为不毛之地，地下水位下降，萨赫勒地区500万平方千米范围内的水井干无滴水，撒哈拉沙漠的南界向南推移了100千米。

在这段灾难期间，有20万人口及数以百万计的牲畜死亡。对农业及国民经济造成极大地影响，引发的经济危机和政治危机、部族矛盾、政变和械斗不断，由此产生大批难民，成为全球关注的严重的环境问题和政治经济问题。

为此，联合国大会于1973年决定成立联合国苏丹—萨赫勒办事处。办事处的最初任务是协助西非9个最容易发生干旱的国家克服干旱和土地荒漠化造成的困难。它的活动范围后来扩大了。援助工作扩展到撒哈拉沙漠以南、赤道以北的22个国家。大约在同一时间，非洲境内设立了若干分区域组织。同样，经过另一次严重干旱之后，国际农业发展基金于1985年设置了受干旱和荒漠化影响的撒哈拉以南非洲国家特别方案。这个方案动员了大约4亿美元，加上以共同筹资方式捐来的另外3.5亿美元，为25个国家境内45个项目资助了经费。

随着非洲萨赫勒地区干旱问题的性质和原因逐渐明确，认为干旱并不是众多灾害的唯一原因，需要一个比干旱更为广泛的概念来描述环境退化的多方面因素和影响。“荒漠化”一词逐渐被使用，用来概括这种以土地退化为主要表现形式的生态环境退化。

联合国大会1975年3337号决议，通过了向荒漠化进行斗争的行动计划，1977年8～9月在肯尼亚首都内罗毕召开首次联合国荒漠化会议。第一次对这个问题进行了全球性的讨论。这次会议把荒漠化列入国际议程，作为一个全球性经济、社会和环境问题。会议制定了《防治荒漠化行动计划》，其中载有一系列指导方针和建议，目的主要在于帮助受影响国家拟订计划对付这个问题，并激发和协调国际社会所提供的援助。原则上说，《行动计划》是比较全面的。但实际上计划的执行情况远远没有达到期望。

从一开始，受影响国家的政府和国际援助的来源机构都没有给予它足够的优先地位。

1980 年估计，如果《行动计划》能够适当地执行，每年必须花费 45 亿美元，其中 24 亿美元用于本来大量依赖外国援助的国家。但实际提供的资金只有 6 亿美元，等于所需援助的 1/4。

同时，截至 1991 年，即《行动计划》商定 14 年后，只有 20 国政府，即不到受影响国家的 1/4，制订了国家防治荒漠化计划。

1982 年联合国环境宣言 10 周年报告中强调指出：荒漠化在这 10 年内（1972 ~ 1982 年）仍是一个严重问题，它摧毁了土地的生产力，使许多肥沃的土地乃渐衰退。

荒漠化仍在持续

非洲热带森林遭到滥伐与火烧以后，后退了 40 ~ 600 千米，热带森林变为热带草原，热带草原景观进一步退化，变成类似荒漠景观。农垦、采伐森林、土壤侵蚀交织在一起，导致非洲热带森林土壤和植被遭到破坏，在那里荒漠多少对农业具有明显的威胁，而且在干旱和炎热季节，会进一步呈现热带大草原景观，如果继续忽视其脆弱性，终将导致类似荒漠景观的出现。这种退化称之荒漠化。

10 年后，法国科学家 H. N. Htouerou 于 1959 年提出“沙漠化”概念，用于表述人类不合理的经济活动造成的，原非荒漠的干旱、半干旱区域荒漠景观的蔓延。

全世界直接受到荒漠化影响的人口超过 2. 5 亿。100 多个国家，10 亿人正面临荒漠化的威胁，由此每年要损失 4. 2 亿美元；其中亚洲约 2. 1 亿美元，非洲 0. 9 亿美元，北美 0. 5 亿美元，南美和澳洲分别为

0.3 亿美元，欧洲 0.1 亿美元。其中 81 为个发展中国家，包括世界上最贫穷和政治力量最薄弱的广大民众。

当人们把防治荒漠化的注意力集中在发展中国家，特别是非洲赤道以南时，40 多位欧洲气候学家在 1996 年提出报告，在西班牙、葡萄牙、希腊和意大利的部分地区，荒漠化进程已经有将近 30 年的时间。

由欧洲委员会资助的这项为时 5 年的研究中发现，由于大陆的持续变暖，这些地区的持续干旱已经成为非例外的常规事件，只是间或被猛烈的、冲刷土壤的倾盆大雨所打断——而这大雨正是水蚀荒漠化强烈发展的时期。负责组织这项研究的英国伦敦国王学院的约翰·索内斯教授以“我们家门口的荒漠化”为题，向《新科学家》杂志发稿指出：“1990 ~ 1995 年西班牙持续干旱只是这一趋势的一部分”。最新降雨分析解释“1963 年是一个转折点，自那以后降水量趋于持续下降”，同时“热浪和强暴风雨的数量和持续时间都明显增加”。在科学家们的发现公布 2 个月以后，联合国粮农组织的一项声明称“除非采取紧急的强有力措施，否则地中海农业的可持续性看来是有问题的。

在 1996 年的美国地理调查中，由丹尼尔·穆斯领导的科学小组发现，美国中西部广袤的、生长农作物的平原远比人们以前所认为的更易于因气候变化而成为沙漠。为一层薄薄的牧草所覆盖的西部平原，经过几年的干旱之后可能成为沙漠。这些发现表明，我们目前所处的全新式气候时代比以前认为的更加反复无常。这意味着大气循环方式的较小改变（如在温室气体增加的情况下凸现出来方式），已在曾经肥沃的田野上引发了大规模的洪水和沙丘移动。据《纽约时报》记者威廉·K·史蒂文斯报道：“如果有关诸如二氧化碳那样的吸热气体的积累导致气候变化的预期成为现实的话，西部平原晚至 18 世纪出现的、灾难性的撒哈拉沙漠式状况有迅速蔓延的可能。”

如果人类不能够把握住自己，肆意破坏我们的生存环境，这些忠告并非耸人听闻。

从沙漠到荒漠

对荒漠的解释

要弄清什么是荒漠化，需要先弄清什么是荒漠。

翻开《辞源》，我们看到“荒漠”这个词条的解释是“气候干燥、降雨稀少、蒸发量大、植被贫乏的地区”。

“荒漠”这个词的出现仅仅有60多年的历史，但“沙漠”一词要早得多。从这里可以看出，我国的荒漠以沙质荒漠类型为主，莽莽沙海是荒漠最早留给人们的印象。

“沙漠”一词最早出现在《汉书·苏建传》：“李陵起曰：‘径万里兮度沙漠，为君将兮奋匈奴’。”三国魏诗曹植·白马篇：“幽并游侠儿，少小去乡邑，扬声沙漠垂”。魏诗阮籍的少年学击刺篇：“挥箭临沙漠，饮马九野原。”在这里，沙漠是指位于我国北方的地面为沙或砾石覆盖的干旱荒裸的广大地区，既包括了被大片沙丘覆盖的地区，也包含了地面为碎石覆盖的平坦无垠的区域。

撒哈拉大沙漠

西汉以前，战国时期的作品《山海经》中对我国西北沙漠的称谓为“流沙”，“西行四百里，曰流沙二百里”。又如《书·禹贡》：“导弱水，至于合黎，余波入于流沙”。可见“流沙”是我国古文献对沙漠最早的说法。

在汉唐文献中“流沙”也经常见到，《旧唐书·西域传》：“西北有流沙数百里”。同时，还出现了

大漠、沙碛、瀚海等和沙漠同义的新词，同样不单指沙质沙漠，也涵盖一望无际的光裸沙砾石地表和干裸山地。

“文选”汉班固封燕然山铭：“遂陵高阙。下鸡鹿，经碛卤，绝大漠。”唐代诗人王维“大漠孤烟直，长河落日圆”为我们展绘了西北边塞的风情画。岑参边塞诗：“十里过沙碛，终朝风不休！走马碎石中，四蹄皆血流”，“瀚海阑干百丈冰，愁云惨淡万里凝。轮台东门送君去，去时雪满天山路”等等。从“走马碎石中，四蹄皆血流”可以看出这里的“沙碛”指的是布满带有棱角碎石的砾石荒漠；“卤”就是盐漠了。

在宋元时期的文献中开始出现其他民族语言和称谓音译的词汇，如“戈壁”、“库姆”。19 世纪末出现了“雅丹”。“戈壁”为蒙古语，原意是“茫茫一片”，被用来指难生草木的平缓的沙砾石地。“库姆”为维吾尔语，意指地面为大片裸露沙丘覆盖的地区。“雅丹”，维语“雅尔达西”，指具有小陡坎的泥土地。

20 世纪初，西方语汇传入我国，众多类型的荒漠在英语里也只有“desert”一个词汇。开始时，通译“desert”为沙漠，如把世界的著名的荒漠通译作沙漠，如“Sahara desert”称撒哈拉沙漠，没有称“撒哈拉荒漠”的。

20 世纪 30 年出现“荒漠”的新译法。但至今辞书把广义的沙漠和荒漠是等同看待的。如《新英汉词典》（上海译文出版社）：“desert，①沙漠；不毛之地②〔喻〕荒凉的境地”；《辞海》（上海辞书出版社）：“沙漠，①荒漠的通称”；2001 年修订版《新华词典》“沙漠”词条：“一般终年少雨、气温变化大、植被贫乏的地方。地面多流沙、砾石、岩块或盐碱滩，风力作用活跃，日照较多。”而“荒

茫茫戈壁

漠”词条：“②荒凉的沙漠或旷野。”可见沙漠的含义有广义和狭义两种：狭义的指布满沙子的土地，而广义的沙漠和荒漠一样泛指一切不毛之地了。

荒漠的种类

荒漠从它的组成物质上包括：①茫茫流沙组成的沙漠。如塔克拉玛干沙漠、巴丹吉林沙漠。地理界又把我国东部以固定沙丘为主组成的沙漠称沙地，如毛乌素沙地、科尔沁沙地浑善达克沙地。②岩石裸露的岩漠或石漠。这里所说“石漠”指湿润或半湿润地区流水冲刷去土壤层，岩石裸露的山地，如云南、广西石灰岩组成的石林。③小石子（较圆无棱角的叫卵石，有棱有角的叫碎石）覆盖地面的砾漠。④泥土组成的“劣地”、“恶地”和“雅丹”。⑤地面充满盐斑的盐碱地称盐漠。

雅丹（维吾尔族语）一词已为世界地理界通用，源于我国西部，指由风切割破碎成的，由风密集的小台墩和风蚀沟相间的地形。而劣地或恶地则主要分布在黄土高原，由流水冲刷、侵蚀而成，地面为密集的流水沟切割破碎。而蒙古语戈壁在世界范围也很通用，指的是砾漠或岩漠。

从成因上可以把荒漠归类为：①风力作用形成的沙漠、戈壁、岩漠和雅丹；②流水侵蚀形成的劣地和石漠；③土壤盐渍化作用形成的盐漠；④在高山上部和高纬度亚极地地区，因为低温引起生理干燥而形成的植被贫乏地区也被人们称做寒漠。另外，露天开矿、矿渣堆放、土壤污染也能形成小面积的荒漠化土地。

世界荒漠的主要分布

世界最大和最著名的荒漠是撒哈拉大沙漠。有780万平方千米，占世界荒漠总面积的1/3还要多。叫“沙漠”，实际上是由各种类型的荒漠组成的，其中沙漠所占面积不及10%。而多干谷，谷谷相通成沟谷系统。现今的撒哈拉可以分为3部分：①内部是山地，包括霍格尔山地和提贝斯提山地，可以截取空中水气而降雨，并非特别干旱；②山地以外是广大的石漠和砾漠，当地分别叫哈马达和锐格；③再向外有许多并不完全连贯的沙漠，埃及西部与利比亚东部是世界上著名的沙海，因为沙丘连续起伏，好似有

波浪的海面。因此巴黎——达卡汽车拉力赛可以在撒哈拉进行。

世界流动性沙漠最集中的地方是阿拉伯半岛，沙漠几乎充填整个半岛，面积有130万平方千米。其中鲁卜哈里沙漠77万平方千米，是世界上最大的流动性沙漠。

帕米尔高原以西，从我国新疆到蒙古国，再延续到我国东北西部的戈壁，有129.5万平方千米，老一辈地学工作者称之为“瀚海”，是世界上最大的砾漠和石漠。

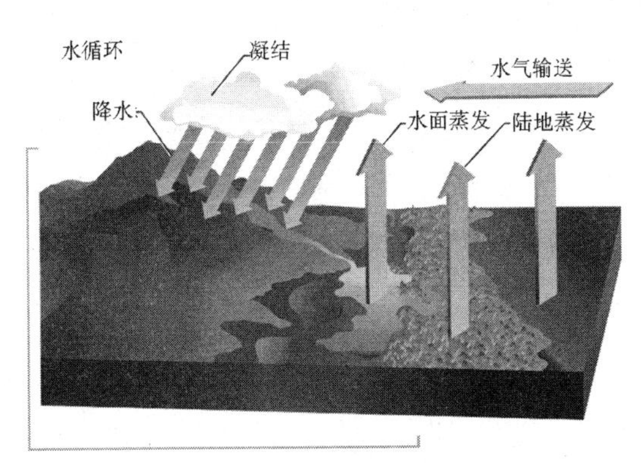

水循环模式图

太阳辐射、空气和水是存在生命的基本条件。太阳照射的不均匀、空气流动、水分循环演绎出了地球上千变万化的气候条件，缺乏降水是形成荒漠的基本原因。

世界上的荒漠集中分布在3类区域：①南、北纬15°~35°的亚热带信风带，这里常年为高压控制，天气和风向比较稳定，常年吹刮自陆地向海洋的干旱风，雨量稀少，这类荒漠可以直抵海岸边，撒哈拉沙漠、位于阿拉伯半岛的鲁布尔哈里沙漠就是这种热带、亚热带沙漠；②分布在温带的内陆区，远离海洋，又有高大山脉阻挡，海洋湿润的空气很难到达，降雨稀少，地势又往往低下，包括我国西北沙漠的中亚地区就属于这种温带大陆内部荒漠；③就是地球的南北极和世界屋脊青藏高原，主要是常年冰雪覆盖，低温使生物不能生长，为寒冻荒漠。

荒漠的成因

赤道的两侧南北纬15°~35°之间热带、亚热带，也就是南北回归线附近，为什么形成荒漠呢？

地球赤道附近一年四季可以得到近乎直射的太阳辐射，地面反射作用

也强，近地面空气受热膨胀变轻上升，上升过程中随着空气降温经常下雨，所以赤道带的气候为热带雨林气候。

随着赤道带空气的膨胀上升，赤道空气压力降低，两侧的气流向赤道补充。而赤道带升空的气流从高空向两侧地区下沉，已经损失了大部分水汽的空气下沉中受热膨胀，空气密度变小，非常干燥，这就形成了行星风系的干燥带——亚热带干燥带。

赤道带高空下沉的气流到达低空以后分别流向两边，一部分气流向赤道流去补充那里上升的空气，受地球自转的影响北半球变为东北风（称谓东北信风），南半球变为东南风（称谓东南信风）；另一部分气流向极地方向吹去，同样受地球自转的影响，北半球的先是转向西南，进而转变为西风，并与从（北）极地吹来的西北风汇合成强大宽阔的西风带，南半球的先是转向西北，进而转成西风汇合（南）极地吹来的西南风，形成西风带。

从中我们应当注意是，但凡上升气流控制的地域经常下雨，下沉气流控制地域空气都是干燥的。

地球的地形起伏也会造成这种情况，一股带有水汽的气流经一座高大的山体时，迎着气流（风）的一面气流要上升爬坡，空气变冷密度缩小，相对湿度变大，空气中的水汽变为降雨；气流翻过山脊，气流变为下沉气流，变得干燥炎热。这种现象叫做“焚风效应”，经常处在气流路径高大山体后面干旱的区域叫做“雨影区”。查看一下我国江南地区的纬度，23°日照北回归线从台湾省嘉义、广东省汕头和广州市北、广西壮族自治区的梧州市、云南省的蒙自穿过，北纬35°已到达陇海铁路（连云港——郑州——天水）以北，这就是说按前述的行星风系，我国江淮一样为亚热带荒漠。而为什么情况完全不同呢？这就要讲讲青藏高原隆起的作用了。

根据地质学家的研究，世界现代的海陆分异和相对位置是1亿年前形成的，那时候欧亚大陆、非洲大陆、印度次大陆是分离的，在这三块陆地之间有一片海，叫古地中海。

地质学界在我国江南的地层中找到的地层证据表明，没有青藏高原的南中国内地确实和西亚一样一派干旱的亚热带荒漠景观，并且指认江南的一些红色沙岩是沙漠沉积。

到2500万年前，这里的地理情况发生了巨大的变化，由于印度大陆板块不断向欧亚大陆靠拢，地中海逐渐消失隆起，从一片汪洋变成陆地，并迅速上升，到300万年前大约上升到4000米的高度，这样一个既庞大又高的高原屹立在世界的东方，打乱了整个东亚乃至世界的大气环流格局。

青藏高原的位置占据了亚洲行星风系西南信风和西风带南部的位置：①把亚洲干旱区的位置向北挤压，使之分布到温带地区；②西风吹过高原出现绕流，从南侧绕过高原的变为一支和暖的西南气流，北侧绕过高原的气流汇合了从极地南吹的西北气流，经常以寒流出现；③形成了亚洲东南季风，随着热季的到来向北扩展，并在夏秋形成热带风暴，登陆即为台风。东南季风影响到整个东亚。

前面说过我国最早的文献对各种荒漠只有一个称谓——沙漠。

沙漠二字可以拆解为“水少”、“水莫”。莫在古汉语里就是“无、没有”的意思。可见古人对荒漠的性质早已有了深刻的体会。到了科学进步的今天，反而有人，甚至有“水”问题专家提出我国西北地区不缺水。仔细一听，原来是他们“以人为本”，简单地用人均占有水资源量与全国比较而言的。我国西北干旱区的特点是地广人少，只以人均占有量算账，把天然降雨和其可能转化的地表水、地下水统统算到人头上去了，恰恰是“重小轻大”，忘记了“大地的呼吸”——大地维持生态平衡的最起码的水量。还有人把茫茫沙海理解“水的生态链条已经断裂，不需要水的无生命的东西”。这种观点也是错误的。正因为这是一片干渴的土地，它们对水的释放是吝啬的，维持了现有的生态环境，就不会给人留有多少生活、生产用水。

中国的干旱区有330万平方千米，有荒漠160万平方千米，除了青藏高原的寒冻荒漠外，大部分分布在西北，属于温带荒漠。一般而言，降水是区域水分的主要来源，降水量多成为湿润的区域，相反降水少的区域就成为干旱区。我国西北地区，降水稀少，年降雨量200毫米以内，新疆吐鲁番盆地的艾丁湖、塔里木盆地南缘的且末、青海柴达木盆地的冷湖等地的年降水量一般只有十几毫米，甚至多年不下滴雨，成为欧亚大陆干旱中心。

缺乏降雨与地理位置、大气环流系统、大区域地貌特征等复杂因素相关联，可以归结为4个方面。

（1）位居大陆中心，有高山阻隔，水汽匮缺。通常情况下，形成降水的水汽来自热带、亚热带中蒸发凝聚的水汽。当气流把这些水汽吹向大陆时，沿途受冷却凝结成水珠，形成陆地的降水。沿途消耗，故离海洋愈近的愈容易得到水汽，离海洋愈远，降雨就愈少。我国西北地区深居欧亚大陆腹地，四周离海洋都极为遥远。欧亚大陆是世界上最大的陆地，面积5408万平方千米，是非洲大陆的1.85倍，北美大陆的2.25倍，南美大陆的3.04倍。以新疆啥密市为例，东距太平洋最近处为3400千米，西距大西洋7400千米，北距北冰洋3500千米，南距印度洋2400千米，无论从哪个海洋输送来的水汽，经过远途损失，到达这里都成了强弩之末，降水非常稀少。

这里的水汽主要来自3个方面：①夏季风带来的东太平洋海洋气团水汽，自东、东南吹向这里，要经过泰山、燕山、太行山、秦岭、吕梁山、黄龙山、六盘山、贺兰山的层层阻隔，通常只能到达甘肃河西走廊的东段，偶尔能达甘新交界。②西部从大西洋和北冰洋来的水汽，其中大西洋水汽在中纬西风带环流的影响下，远行7000多千米，可以到达新疆西部，是新疆西部帕米尔高原和西天山降水的主要水汽来源；北冰洋水汽只能影响北疆阿尔泰山和准噶尔盆地。③南部印度洋与孟加拉湾西南季风水汽，虽然气团最大垂直厚度可达7000多米，但要翻越平均海拔高度4000多米的西藏高原，以及高原上海拔6000～7000米以上，甚至8000多米的喜马拉雅山、冈底斯山、唐古拉山、念青唐古拉山、昆仑山。只有遇到强的海洋风暴爆发时，水汽才能到达柴达木盆地的东南缘，形成稀少的降水。上述三股水汽都难于到达的地方，为新疆吐鲁番盆地——塔里木盆地东南缘（且末）——柴达木盆地西部（冷湖）连线构成的区域，是最为干旱的区域，有人叫它为“欧亚大陆旱极”。其中吐鲁番盆地的托克逊年平均降水量3.9毫米，且末为18.3毫米，冷湖为17.6毫米。以该地区为中心，向东、西、北三个方向降水量逐渐增加，向东至敦煌为29.4毫米，民勤为110.2毫米，银川为205.4毫米；向西至喀什为61.3毫米；向北至伊宁为257.6毫米，乌鲁木齐为277.6毫米，阿勒泰为191.5毫米。

（2）蒙古高压的长时间控制。青藏高原隆升导致了东亚季风系统的出

现，东南夏季风很难影响西北地区，却受大陆性季风蒙古高压长时间控制。

我国西北干旱区域从白垩纪（距今1.35亿~0.7亿年）至早第三纪（距今7000万~2500万年）即已形成干旱的气候环境，但干旱形成的原因与现代不同。当时西北大陆已经隆升，占据西北区域位置，特提斯海（地中海）已经向西方退去，欧亚大陆连成了一片，海拔尚不足1000米，处在行星风系的东北信风控制之下，与长江中下游连结成亚热带干旱气候带，自然景观为亚热带疏林草原。

但从晚第三纪开始（距今2500万年），喜马拉雅山造山运动使青藏高原开始大面积强烈隆升，海拔高度迅速从1000米左右上升到第四纪中更新世初期，距今约100万年的约3000米以上，晚更新世至全新世初期（距今约1万年），青藏高原及其周围山岭继续抬高，高原面的平均海拔高度已达4000米，山原整体面貌与现代地貌格局已相仿。

青藏高原的隆起，改变了我国大陆的环流系统。一方面使原来存在于大陆中心的冬季弱高压得到加强，同时将弱高压中心（北纬30°，拉萨附近）向北移至现今西伯利亚—蒙古区域（大约北纬55°，东经90°附近一带），成为冬季高压中心，并向周围进行气流扩散，形成大陆性季风气候，不仅干燥，而且寒冷。

青藏高原的隆起

在向南吹向我国北方疆域时，受到青藏高原的顶托，约在东经97°附近产生分支，形成从阿拉善高原吹向黄土高原、江淮平原的西北风和从塔里木盆地东部进入，并影响东部的东北气流。此时，整个西北乃至整个北方和青藏高原北部干冷少雨，且大风加速地面蒸发，成为中国干旱区最干旱的季节，亦是沙漠化过程发生的主要季节。

只是到了夏半年，太阳移至北半球，我国北方内陆受太阳辐射强烈，地面迅速升温，形成低气压，而东部海洋升温慢，出现海洋高压，风向从海洋吹向内陆，并由此带来水汽和降水，才使干旱过程得到缓解。

这种大陆性气候和海洋性气候分明的特点，亦即季风气候的特点，在我国表现得最为突出。但由于距海洋远近以及重重山岭的阻挡，海洋季风的影响从东向西减弱，从而我国内陆干旱区，即便是海洋季风季节仍然非常干旱。

（3）盆地下沉气流的影响。受青藏高原隆起的影响，使中国地形形成3个台阶。干旱荒漠区基本占据了第二台阶和第一台阶青藏高原的北部。第二台阶又被秦岭分割成南北两部分，北部即中国干旱区。

中国的干旱区地形上主要由两大高原（内蒙古高原、鄂尔多斯高原）和两大盆地（准噶尔盆地、塔里木盆地）及其周围山地组成。这两大高原和两大盆地是中国干旱荒漠的主要分布区域。青藏高原北部则为一高原（羌塘高原）三盆地（柴达木盆地、青海湖盆地和共和盆地）及其周围山地组合。

地形影响气候最为明显的当属青藏高原阻挡了南方的印度洋暖湿气流；西风激流被迫分流，经过中亚干旱地区的北支激流加入蒙古高压吹向东南的冷于气流；高原本身的冷热源作用也不利于青海三大盆地的降水。其次，从更广阔的角度，蒙古高原整个被更高的山和高原重重封锁于内，这既为高原又像盆地的地势环境，使东南方向的季风北上受阻，减少了该区雨水的润泽；北方干冷的季风却可以顺利南下，带来干燥、寒冷的大风天气。这些气流受到山脉和高原的强烈阻挠时，翻越山岭后引起局地下沉，形成干旱环境。

（4）地表的辐射反馈作用使缺乏植被的地区愈加干旱。科学家的模拟试验表明，当地表的反射率增大时降水就会明显减少。我们知道，绿色植被覆盖的地面对太阳辐射具有较强的吸收能力，而沙漠、戈壁和光裸地面一般均呈现浅颜色，对太阳辐射有较强的反射。经过计算，虽然非洲撒哈拉大沙漠中心的太阳总辐射量高达每平方米275瓦，但地面的净辐射收入却惊人地低，每平方米仅80瓦，能量的损失达70%以上，这意味着沙漠上空的大气辐射平衡比四周低，同高度上的大气层温度也比邻区低，为局地高

压所控制，这也是引起沙漠气候干燥加剧的原因。

中国西北部和青藏高原基本无植被的裸地面积达111.59万平方千米，占统计地区面积的87%。此外，由于地处温带，周围还有更多的草原、农田约有长达半年时间植被凋零或收割后的季节裸露期，时间长达6~7个月，且冬季甚少积雪。显然，这两类地表都常年或季节性的具有辐射反馈作用。

荒漠化概念中的“和”与“或”

对荒漠化最简单的说法是：“荒漠化是原非荒漠的土地演变为荒漠的过程。”这种既不追求原因，又不需划定时间界线和区域范围的概念当然简单，但是，这样定义荒漠化，荒漠化土地不就可以和荒漠画等号了吗？“荒漠化”这个词汇还有存在的必要吗？

《公约》采取的荒漠化定义是：“包括气候变化和人类活动在内的种种因素造成的干旱、半干旱和亚湿润干旱地区的土地退化。”这一定义对荒漠化形成的因素、时间和地域范畴作了限定，有重要的意义。但对形成因素、形成时间和地域范畴，国内外专家还存在不小的分歧。

《公约》所提到的产生荒漠化的两大因素是并列、缺一不可的，还是可以由一种因素造成，即是否可以把“和”换成“或”，这一字之差是有关荒漠化概念争论的最大焦点。

对荒漠化这段成因文字表述，后一种理解是一部分主要从事第四纪地质研究，研究地质时期全球变化的学者所理解的荒漠化成因。

气候变化因素不是今天才有的。自地球形成，地球上有了空气、水和土地，气候就没有停止过干和湿、冷和热的变化。远的不说，仅300万年来的第四纪，地球就经历了多次冰期和间冰期，干冷和湿热变化。所以，如果单单只追究气候变干旱因素，把荒漠的形成过程和荒漠化过程看做同一回事，谈成因与不谈成因也就没有什么两样了。

绝大多数从事荒漠化研究的学者所理解的荒漠化形成因素同时归咎于气候变化和人类活动。并且荒漠化从根本上说是一个人为的问题，它的成因是人类活动对土地的压力太大。气候变化——干旱是荒漠化的背景条件，使情况更加恶劣。

虽然是一字之差，却差之百万年和百万里。首先，按气候变化为主因论者所理解的荒漠化开始时间，如果从青藏高原大幅度隆升算起的话为200多万年；如果把亚热带信风型荒漠的形成算做荒漠化过程，那么包括我国荒漠的形成时代应推到7000万~1亿年前。而人类文明只能推演到5000~7000年前。人类文字对荒漠化记载只有4000年。

中国的荒漠化史一般认为应从2000年前开始。仅我国地质历史时期风沙活动形成的沙漠、戈壁、风蚀地有128.3万平方千米，而历史时期形成的荒漠化土地只有81.3万平方千米（风蚀荒漠化土地37.1万平方千米，水蚀荒漠化土地37.7万平方千米，土壤盐渍化形成的荒漠化土地6.5万平方千米）。如果把地质历史时期形成的荒漠都算做荒漠化土地，则我国的荒漠化土地面积扩大了1.5倍还要多。

荒漠是气候的产物，它出现的区域具有强烈的自然地带性，它的出现是不以人的意志为转移的。在现代气候条件下也不可能大范围转变，只能在绿洲外围建设防护体系防止沙漠扩展和在个别工业基地通过灌溉建立人工植被系统。“改造沙漠”、“人进沙退”之类的口号是不科学的。在不能解决水源的情况下，提出过于宏伟的治沙蓝图是不切合实际的。

而荒漠化土地则是人过度利用土地的结果，在现在气候条件下，消除了人为因素的干扰，可以得到自然恢复，在人为作用施加的正面影响可以使荒漠化土地得到治理，并且荒漠化土地可以适度开发。因此，荒漠和荒漠化土地在防治方针上也有方向性的区别。

荒漠化土地和荒漠的分布区域也不同，我国荒漠集中分布在西北极端干旱区域的盆地和阿拉善高原，而荒漠化强烈发生的区域是半干旱草原地区和西北干旱绿洲外围。

荒漠可以因组成物质有石质荒漠（石漠）、砾质荒漠（砾漠）、沙质荒漠（沙漠）、泥质荒漠（泥漠）、盐质荒漠（盐漠）之分，荒漠化也可因变化的趋向分作沙质荒漠化、石漠化（在这里指南方石灰岩地区干裸石林景观的发展和北方沙岩或泥岩地区丹霞地貌景观的发展）、水蚀劣地化（水土流失）和土壤次生盐渍化（盐漠化）。

地球的“黄斑”

荒漠化是个丑陋的名称，由于一种丑陋的过程，它更像是一种皮肤病。一块块退化的土地零零落落地出现，有时同距离最近的沙漠相去几千千米，这一块块的土地逐渐扩展，终于连接在一起，形成沙漠般的景观。

土地荒漠化是一个对全球有影响的环境问题，而且仍在蔓延中。因此，如何判断一个地区土地是否已经发生荒漠化，乃是荒漠化问题研究中的一个关键问题。

没有明确的指征（可以理解为指标和特征），也就无法确定荒漠化的分布范围、性质与危害程度。荒漠化土地有风蚀风积造成的，有水蚀造成的，也有盐分向地表积累次生盐渍化等造成的。不同的成因过程其判断的指征也不同，因而就需要有一系列简明扼要、易于判别的指征。

荒漠化是土地退化的一种表现形式，而退化最明显的表现为土地产出量的下降，如农用地收获量的连年降低；在雨水正常情况下，草地的草层高度和密度的持续下降，甚至出现草地优势草种的不利变化，牲畜不能食用的草比例增多等。但是，不是一开始出现土地生产力下降就是荒漠化。仍以皮肤病作例子，如果一个人的头部出现斑斑块块的疮疥，不能说整个头部一无是处。在这里头部是一个区域的概念，真正出现疮疥病变的才是荒漠化土地。

在科技界确实出现了这样糊涂的认识，把干旱、半干旱和半湿润干旱区等同于荒漠化区域。例如许多著作所叙述的中国荒漠化面积达到300多万平方千米，甚至说占国土的1/2，就是混淆了荒漠化发生区域和已经荒漠化的土地的概念。

自从地球上出现陆地和海洋的分异，出现了水的循环，就有水蚀对陆地的侵蚀存在。自从地球上有了空气，就有了空气的流动——风，水蚀和风蚀、风积是无处不存在的。因此也不能以简单的水蚀、风蚀风积来判定荒漠化的出现。

判定沙质荒漠化土地最明显的指征是原非沙质荒漠地区出现了以风沙活动为主要特征的地表形态特征，如风蚀地、粗化地表、片状流沙的堆积

以及沙丘形态的发展。在流水侵蚀作用所形成的荒漠化土地形态指征，因地表组成物质的不同而有所不同。在具有风化壳及土状堆积物的地区则以地表裸露、沟谷割切破碎呈现以劣地为主的景观，而土层较薄的石质山地则以表土冲刷、出露裸露的石质坡地为主，呈现石山荒漠化景观。这里需要说明的是，流水侵蚀所形成的荒漠化土地并不就是水土流失的面积，因为水蚀所造成的退化土地只有发展到地面裸露，土地生产力丧失，地表呈现劣地或石质坡地的景观时，才能称之为流水侵蚀所形成的荒漠化土地，因此它的分布面积比水土流失面积要小。

到这里我们可以把荒漠、沙漠、荒漠化、沙漠化这些概念做一些清理了。

荒漠是干旱缺水，缺乏植被的地方。荒漠是自然的产物，它是地球上水、热分配不均匀的结果。出现于地球陆海格局形成以后的地质时期。

沙漠是荒漠的一种，指风形成的大小堆积物或吹蚀剩余物——沙、砾石等覆盖的地面。

荒漠化是现代气候条件下，人为过度利用土地，使土地出现类似荒漠景观的变化。它发生在人类历史时期，尤其强烈地发生在人类经济活动全面影响地球气候、生物环境的现代。

沙漠化是荒漠化的一个种类。指的是人类不合理的经济活动改变地面结构和覆被状况，使风对土地风蚀，产生风沙活动，地面出现风蚀和风积物，景观类似沙漠的变化。

“人造”沙漠

人类与自然环境的关系，自从人猿相揖别以后就存在了。

虽然人类本是自然界的产物，在一定的自然环境中生存，并和环境一起发展。但人与动物不同，“动物仅仅利用自然界，单纯地以自己的存在来使自然界改变，而人则通过他所作出的改变，来使自然界为自己的目的服务。”这表明，人类可以在一定程度上选择、改造、控制、调节或影响自然

环境，使之为自己的目的服务。正是由于人类的这种能动作用，人类才能从自然界获得越来越多的财富，同时把自然界改变得更加绚丽多彩。然而，也正是人类的影响和作用，致使人类赖以生存的基础——生态环境不断出现危机，从而威胁着人类自身的生存和发展。

人类对生态环境的直接作用包括 3 个方面：①改变了物质和能量的转移途径；②改变了物质和能量的输入和输出状态；③合成了新的物质或释放了新的能量。正是这种物质和能量状态传输状态的改变，一方面使生态环境产出量越来越多，丰富了人们的物质生活；另一方面也造成了对生态环境的巨大压力及其内部各组成部分或要素的不平衡，若处理不好，就会出现生态环境问题，造成危害人类社会生存和发展的环境灾害。所以，人类改造自然界的活动具有两重性。

自从在地球上形成生物圈以后，生物就一直处在一个由低级向高级的连续进化过程中。在相当长的一段时期中，生态环境经常性地保持着相对的平衡状态。

人类活动影响侵蚀作用的大小与政治经济、社会、文化和科学技术等因素有关，其中以政治经济和科学技术关系较密切。一般来说，政治经济状况影响荒漠化，多是通过社会制度、经济体制和发布政策、法令等多方面间接起作用的。

在原始社会里，人类活动范围小，对自然界的影响能力也比较小。农耕业初创阶段，其活动多在自然条件较好，即生态因子较为协调的，较为平坦的地域。其时，人类对土地的干扰作用较小。

进入阶级社会以后，人类最基本的生产活动受到各个历史阶段的生产关系和社会制度的制约及支配。在私有制社会，土地为少数人所有，土地占有者为了取得尽可能多的财富，往往不顾自然条件的特点，盲目地向自然索取，结果是破坏自然生态平衡，削弱或破坏可再生资源的再生能力，招致土地退化，地面植被破坏，滥用土地资源，土壤风蚀和水土流失加重，土地肥力下降，江河泛滥，造成重重灾难。尽管人们也曾开展了同荒漠化的斗争，创造了不少经验，但总的看来，其成效是比较小的。这一情况在我国奴隶社会、封建社会，特别是在半封建半殖民地社会表现得十分明显。

大量事实证明，随着科技的进步和生产力的发展，一项错误的政策或法令，常常可以带来巨大的恶果。相反，正确的政策或法令，必然会产生卓著的经济效益、环境生态效益和社会效益。因为，从对资源的开发、利用、治理和保护角度来说，正确的政策或法令一定是符合自然规律和经济规律的。而正确的政策或法令的制定，首先是以客观规律为依据，同时也充分考虑到当前合理利用这些规律的可能性以及可能利用的程度。人类认识客观规律的程度和深度是和当时的科学技术水平联系在一起的，利用这些规律的可能性又与科学技术和经济实力分不开。如果不按照客观规律办事，技术愈进步，对自然破坏的能力愈大，程度愈严重，速度愈迅速。按照自然客观规律办事，技术愈进步，就愈能最充分地发挥自然资源的生产潜力及再生能力，给人类提供永不衰竭的物质和精神财富。

水土流失

科学技术尚未发展到充分发挥自然生产潜力之前，以及又没有足够条件使已有的科学成就在某一地区变为社会生产力之前，该地区单位面积上负载的人口愈多，对自然资源破坏的程度可能愈严重。从这个意义上讲，人口密度的大小常常也是影响荒漠化的重要因素。掌握科学技术的人越少，运用科学技术成就去和自然作斗争并取得斗争胜利的可能性也越小，违反自然规律和经济规律办事的人可能就越多。因此，人们的科学技术水平也就成了影响荒漠化的又一个重要因素。

人类活动影响荒漠化的因素

人类活动影响荒漠化的实质是人类发展的政治制度、科学技术和经济

发展水平、人口密度及其文化素质等发展状况，始终深深打上了社会政治、经济和文化的烙印。这是人类活动影响荒漠化的一个重要特点。

结合我国实际情况，从人类自身不合理安排生产、社会、经济活动方面考虑，这些因素包括：

（1）人口迅速增长对环境、资源的压力无疑是造成荒漠化发展蔓延的最主要的原因。

（2）传统落后的农、牧、林生产方式加强了对资源的掠夺和对环境的破坏。

（3）社会经济的落后以及人们的贫困，一方面促进掠夺行为的发展，另一方面又无力进行环境的建设。

（4）环境意识不强，不懂得保护环境的重要性，由于“不知道”、“没想到”、“想不到”，人们的许多行为违反了客观规律，遭到了大自然的报复，促进了荒漠化的发展。

（5）经营不善、管理水平低下，生产长期停留在低水平上重复，无力逆转荒漠化过程和制止荒漠化发展。

（6）“短期利益驱动”，只求近利，违反资源环境良性演替规律，乱建窑、乱建厂、乱开矿、乱捕、乱捞、乱砍、乱挖，导致风蚀加强、水土流失加重，加速环境破坏和土地退化。

（7）政策失误导致荒漠化发展，20 世纪 50 年代国家在北方干旱半干旱地区进行大面积开荒，一部分不宜开垦的土地垦殖为农田，后被撂荒，引发沙漠化的加剧。70 年代在“以粮为纲”、“牧民不吃亏心粮”等口号下造成几次牧区大开荒，导致草原、牧区荒漠化的进一步发展。90 年代放牧政策失控，超载过牧和不合理开垦，又导致了荒漠化从整体上发展的格局。

（8）法制法规不完善，执法不严，环境和资源的保护受到削弱，加强法制建设已经成为荒漠化防治的重大问题。

（9）组织、管理体系不健全，影响了荒漠化防治速度与建设规模，应把对保护、改造、建设环境和防治荒漠化成效与各级领导政绩挂钩，成为使用、任免和奖惩干部的重要指标。

（10）科学技术成果转化水平低。

人类活动对环境破坏的表现

人类活动对风蚀荒漠化和水土流失的影响，一般是在自然生态环境比较脆弱的地区，或者是潜在侵蚀威胁较大的地区。在这些地区，如果人类施加给自然的不良影响超越了自然本身的忍耐能力（或者叫弹性限度），并且长期持续不断地作用，脆弱的自然生态平衡必然遭到破坏，而且在短时间内很难逆转。侵蚀过程也必然是在自然侵蚀的基础上愈演愈烈。人类企图通过自己的力量去改造它，制止它，其难度比那些自然稳定性高的地区大得多。人类活动影响的这一特点在我国黄土高原表现得尤为明显。黄土高原是一个自然侵蚀活跃的地区，经过几千年人类活动的影响，水土流失已发展到十分严重的地步，尽管我们已开展了几十年较大规模的治理，就全区而言，距离全面控制荒漠化的目标还相差很远。

人类活动影响荒漠化的另一个特点，是人类生产活动中对土地的利用是否合理。自从人类开始农林牧业生产活动起，就不同程度地引起了人为加速侵蚀的问题。人类的农林牧业生产活动影响荒漠化的实质，是如何合理利用土地资源以及科学地管理经营土地。以自然规律和经济规律合理安排利用土地资源，则荒漠化发生可能性比较轻微。相反，如果不顾自然规律和经济规律，对土地实行掠夺式经营，则必然导致严重的荒漠化以及生态灾难。目前世界上所有荒漠化严重的地区，几乎都是过去或现在土地利用不合理，土地经营管理不善的地区。

人类出现以后，由于人们粗暴地干扰生态环境，致使生态环境的变化日益加快。结果，人类经常面临着2种潜在因素的威胁：①生态环境的人类震荡（也可以说是一种变化）频率加快，人类在预测环境的变化中遇到了众多的不确定因素，因而人类对自己的行为后果缺乏及时和准确的认识；②生态平衡变得非常脆弱，人类经常处在遭受平衡失调的自然环境的报复状态之中，人类环境变得十分危险。这两种潜在因素，往往是人类诱发自然灾害的直接原因。而人口的激增、人均资源的消耗量的增加，以及人类对自然资源掠夺性的开发和无情破坏，则是导致大自然报复的根本原因。

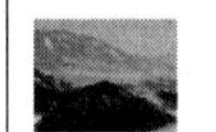

具体地讲，人类对生态环境的破坏表现在2个方面：

（1）系统结构的破坏导致了系统功能的减弱，使生态系统失调。表现在它的结构上，①结构缺损，即系统缺损一个或几个组成成分，常常表现为生物链的断缺，从而导致了生态平衡的破坏。如大面积砍伐森林，使某些依赖森林生存的动植物迁移或消逝。②结构变化，如生物种群减少、层次结构发生改变等。结构的破坏是生态环境不稳定的主要因素，若系统的调解能力不能使之恢复平衡状态，往往就会出现自然灾害。③系统功能的衰退造成了系统结构的解体。生态环境的基本功能是能量的单向流动和物质的反复循环。所以其功能上的衰退首先表现在能流受阻，如大量捕杀某些种群动物，往往造成某些有害动物的大量繁殖。

（2）物质循环中断。由于人类在生存中不断地获取产品，如果取之过多，物质循环在某一环节就会中断，以至于输入与输出间的比例失调，破坏了生态平衡，从而导致了自然灾害的发生。

我国北方沙漠化的成因

《公约》把荒漠化的最直接成因通常归结为4种人类活动。过度放牧造成的退化土地占全球34.5%，破坏森林造成的占29.5%，不适当农业利用占28.1%，其他如工矿开发造成的占7.9%。

结合我国的实际情况，我国荒漠化研究者把我国北方土地荒漠化的成因归结为5种人的经济活动。

（1）滥垦。在原本不适宜开垦种植的地区的盲目开垦。开垦使自然植被被破坏，代之以稀疏的人工植被。不适宜开垦的地区分2类：①山丘地区的陡坡，②大风频繁的地区。长期形成的土壤结构被破坏，致使水或风力直接侵蚀表土，在以水力侵蚀为主的地区表土被冲刷掉，基岩裸露，土地失去生产力，呈现劣地、石林景观；在以风力侵蚀为主的地区表土中的细物质被刮走，留下粗颗粒物质。一些地区，例如沙漠与黄土接界地区的沙质黄土地区和一些湖盆、河流沉积地区，表土中粗细不等的沉积物被风力分选，先是呈现片状流沙，再演变为沙地。在有粗颗粒物质地区，留下砾

碎石，呈现风蚀戈壁景象。

陡坡开垦为农田后，失去了原有植被对土地的保护，并由于农业耕作翻松土壤，造成土体抗蚀力的下降，为水土流失的形成、发生创造了疏松的土体条件及地形条件。多年来，在“以粮为纲”路线指导下，单一抓粮食生产，在缺少先进农业科技的条件下，很难做到提高单产和保持水土，结果是违背“因地制宜”的原则，破坏了农、林、牧、副、渔之间相互促进的内在关系。据统计，延安市 1977～1979 年三年内开荒 180 万亩，而这三年新修梯田的面积仅 12.57 万亩，破坏面积是新造田面积的 14 倍，同期造林种草仅 60 余万亩。该地区 1958 年有天然草场 2800 万亩，到 80 年代初仅剩 1500 万亩。这种破坏农业内部结构平衡的活动，造成水土流失越来越严重，形成农民生活越来越贫困的局面。

在我国北方滥垦造成的荒漠化土地约占 26.9%。

（2）滥采。破坏森林植被，滥砍乱伐，放火烧山，使森林遭到破坏，失去蓄水保土作用，并使地面裸露，使降雨径流引发水土流失成为可能。据有关专家研究，西周时期，黄土高原森林覆被率达 50% 以上，当时水土流失对黄河影响很轻；秦汉南北朝时期，黄土高原的森林面积不少于 25 万平方千米，唐宋时期减为 20 万平方千米，明清时期为 8 万平方千米，解放后仅剩余为 3.7 万平方千米。森林对水土保持的作用日益降低，致使水土流失现象日趋加剧，沟渠阻塞日趋严重，水旱灾害频繁发生，严重地制约了区域的经济发展。

砍伐和樵采植被，土壤失去免受水冲、风吹的覆盖保护层，使土地出现荒漠化过程。樵采的面比砍伐森林的面要广阔得多，除包括砍伐森林外，还包括砍柴作燃料，挖取甘草、冬虫夏草等药材植物，搂发菜等。我国北方滥采造成的荒漠化土地占 32.7%。

（3）滥牧，草地过牧。不同地区不同类型的草地有一定的载畜能力，当放牧量超过草被的再生能力时，过度采食、牲畜踏踩使草地退化。先是土壤斑状出露，进而出现水蚀或风蚀荒漠化进程。

荒漠化地区是我国重要的畜牧业基地，全国 5 大牧区有 4 个分布于此，草地面积 14893 万公顷，人均 20.5 亩，共载畜 20577 万个羊单位，平均每

公顷载畜1.38只。每只绵羊平均占有草地10.87亩，超过荒漠化地区每公顷载畜0.6~0.9只羊的理论载畜能力。草地生产力低，平均亩产鲜草140千克左右，远低于畜牧业发达国家的水平，如英、法等国每公顷改良草场可载畜10只。

过度放牧使山坡草地植被遭到破坏，造成水土流失，其例子很普遍。

在我国牧区有铲草皮为“草坯”，搭建羊圈、简易房舍的习惯。铲草皮这种活动往往会严重破坏山坡上的植被和表层土壤，引起严重的风蚀和水土流失。

人类对草原鼠类天敌，如鹰、狐、狼等的乱捕乱杀，使草原鼠害难以控制，也是草原遭到破坏、荒漠化发展的一种成因。

我国北方滥牧造成的荒漠化土地约占30.1%。

（4）水资源利用不当。极端干旱地区的绿洲是依靠局部集中的水资源支撑的，没有水就没有绿洲。人为地改变绿洲的水源配置是引起绿洲荒漠化、绿洲萎缩甚至消亡的主要因素。水系的改变可能是有意的，也可能是在不经意中进行的。在我国西北内陆河流域经常发生的是，随着灌溉机具的进步，人们在河流上游开发新绿洲，过度地使用地表水源，使下游水源枯竭，继而抽取地下水灌溉，又引起地下水的持续下降，引发整个下游生态环境的干旱化，最终使荒漠化严重发展。

这类因素造成的荒漠化土地约占我国北方荒漠化土地面积的9.7%。

（5）土壤次生盐渍化。蒸发强度大是干旱地区土壤水分特点，农田水分主要的甚至往往是唯一排泄途径，排水不良的灌溉方式和灌溉额度过高，使农田的地下水过高，增强了土壤的实际蒸发量。土壤的盐分随水分蒸发在地表层集中，当植物种子和植株耐受程度时植被达到生理性的缺水（半渗透膜，例如植物根的表面膜，两侧的渗透压不等时，水分向含盐量高的高压一侧渗透），枯萎死亡，地面呈现盐斑。

其余造成土地荒漠化的还有地下矿床的露天开采、矿渣的堆放，建厂、筑路、挖渠、修建房屋和水库等会产生大量的弃土不作妥善处理，交通工具的碾压等人类的不良行为也能引起局部土地的荒漠化。这样的问题，可统归为基本建设项目未按《水土保持法》和《防沙治沙法》要求，而引起

风蚀沙漠化和水土流失。

如我国宝中铁路（宝鸡——中卫）在修建中就造成了新的水土流失，仅人为水土流失量即达463万立方米。又如晋陕蒙接壤地区煤炭资源开发，使本来就水土流失严重的局面进一步加剧，河道成了采煤弃渣的垃圾场。

大自然之所以对人类有如此巨大的报复，归根到底是因为人类缺乏对自然界的清醒认识，缺乏对自身行为具远见的估量，而一味向自然界无情地索取和掠夺。人类在破坏森林、毁坏草原、贪婪地获得土地与财富的同时，自然界也以其自身的固有的不可抗拒的规律性向人类开展了进攻。所以荒漠化土地就是“人造荒漠”的说法并不过分。

通常，人们比较重视突发性的灾害，像地震、水灾、泥石流和沙尘暴，而对干旱、荒漠化这类使人长期痛苦的、缓进的生态破坏所造成的自然灾害表现出麻木不仁或者无可奈何。

为了避免大自然的报复，避免不必要的人为自然灾害，我们必须改进我们的认识哲学，树立新的价值观念，调整人与自然的关系。

人与自然的关系不应该是统治与被统治、征服与被征服的关系，而应该是一种长期共存、和谐共处和协调发展的新型关系。

“人无远虑，必有近忧。”这一富有哲理的谚语是防灾救灾的经验之谈。法国学者米歇尔·巴蒂斯面对当今世界愈演愈烈的环境生态灾害，曾从历史的角度说过这么一段话：500年前，新大陆的发现证明了地球是圆的，因此也是有限的，但矛盾的是，由此而发现的北美新大陆的广袤土地却使我们的先人一直错误地认为大自然的财富是取之不尽、用之不竭的，人类可以任意地增加人口，毫无限制地扩大个人的需求。”整整500年，正是这种“无远虑”，人们过度地向大自然索取，使有限的地球千疮百孔，陷入了重重的生态困境之中，承受了无数次的灾害，使人类的今天有着无穷无尽的“近忧”。遗憾的是，今天一些富国还在毫无节制地浪费自然资源，据德国学者统计：一个预期寿命为80岁的普通美国人，按美国目前的消费水平，一生中将消耗2亿升水，2000万升汽油，1吨钢材，100棵成材的树木。如果全球60亿人口都这样滥耗自然资源，我们居住的这个星球如何承受得了？

我们面临着生态环境整体恶化、生存空间越来越少的困境，这也是

“无远虑”酿成的近忧。

愈穷愈垦、愈垦愈穷——土地荒漠化使亿万人民越来越贫困。但是，并不能因此把生态环境恶化的责任记在干旱区人民的头上。最初确实有过这样的指责，常常指责旱地人民过度使用土地和砍伐树林，因而自毁生计。但是，正如荒漠化公约所承认的，常常有更深的根本原因，使他们无可选择，其中的主要原因是贫穷。它迫使穷人在短期内从土地中取得尽可能多的收获来养家糊口，尽管这种做法等于断送自己的长远前途。

荒漠化的发生发展与社会经济有着密切的联系。人类不合理的经济活动不仅是荒漠化的主因，而且也是荒漠化的受害者，特别是很高的人口增长率（每年超过3%～3.5%）增加了对生产的要求，加大了对现有生产性土地的压力，促使生产边界线推进到濒临潜在荒漠化危险的土地。因此，社会经济等问题在土地荒漠化过程中有着显著的影响。

尽管如此，人类对自然的干扰一直没有停止过，而且愈来愈严重。其原因一方面是人口增加，需求激增，另一方面却是人们欲壑难填，对自然界的索取越来越多，从而导致了人类对自然环境的掠夺式利用不断向深度和广度发展。与此同时，大自然对人类的报复也越来越频繁，越来越严重，并且范围也越来越广。最为突出的例子，也许要算发生在埃塞俄比亚的灾难了。仅1984～1985年发生的饥荒就导致了100万人丧生，真可谓触目惊心。本来埃塞俄比亚的干旱古已有之，饥荒一直威胁着这个国家的人民。然而，正是这种最基本的需要驱使着人们开荒种地、毁林放牧，从而导致其森林覆盖率从1935年的30%下降到如今的3%。故此，每年有20亿立方米的土壤被冲离这块高原，消失在低地的河流和小溪中，水土流失极其严重。失去植被保护的地面把阳光反射到大气中去，大气层的温度因此升高。这样便抑制了云雨的形成，最终加重了西起塞内加尔，东至埃塞俄比亚这块贫瘠的萨赫勒地带的干旱、沙漠化和饥荒，以至于形成人的基本需求与环境破坏的双重恶性循环。

旱地生态环境本身的脆弱性使这里的收获极不稳定，在我国有“十年九旱”的说法。农民们通常的做法是“广种薄收”，每年抱着丰收的希望，撒下大量种子，祈求上天带来好的收成，每个农户用极简陋的工具，每年可能种下几亩旱田，土地不施肥、不锄草，在一些荒漠化耕地里春天下种以后，风常常把表土和种子一起吹走，风多的年份一个春季要“毁种”3～5次，土地施用的肥料也会随风吹失，养成了不施肥的习惯。另一方面土薄杂草少，地多顾不过来也是原因。劳作只剩下春种秋收两种劳动，但是十年九旱的现实和气候的干旱化、土地荒漠化的发展，使他们每每希望落空，种地就像赌博一样，用十年的劳动赌一年的丰收，今年不收，明年压上更大的赌注（种更多的土地），在靠近牧区的农牧交错区，人均耕地10亩以上。还常常见到农民到牧区去种“创田”——种一两年就弃耕的“游农”方式开垦的土地。这是旱作耕地开垦越来越向草原深处发展的原因之一。

首先，昔日的草原被开垦为耕地挤占牧场，牧场的缩小使牲畜占有草地数量越来越少，草地超载，荒漠化进一步发展。可以说，这是土地垦殖把荒漠化灾害转嫁于草地畜牧业的。

这种非常落后的耕作方式还需要劳动力，生儿育女在荒漠化地区不单是传统意义上传宗接代的需要，也是现实为广种薄收耕作方式劳动力的需要。这是荒漠化地区贫困、人口增长率高和文化教育水平低的根本原因，土地荒漠化是贫困的根源，贫困也是土地荒漠化的原因。

超载放牧导致草原退化是逐渐演变的动态过程。牲畜过多就会将所有可食的嫩草食光，于是就没有足够的牧草再生。载畜量过多，又会导致吃不饱的牲畜到处乱跑，将草皮踩实，从而造成草长不起来，土壤无草保护，水土流失加剧。据研究，美国亚利桑那州的苏诺兰沙漠和新墨西哥州的一些沙漠就是在欧洲殖民者入侵后几百年间，由于过度放牧造成的。

草 原

其次，开垦草原将导致表层土

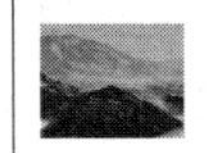

壤受到侵蚀。再次，经济活动也加剧了土地沙漠化。草原生态环境的恶化主要是人为因素造成的。人口增加和经济活动日益频繁，给草原生态系统造成很大压力。人类不恰当的经济活动是我国土地沙漠化的最主要和最根本的原因。

草原是如何变成沙漠的

风沙活动为标志的现代沙质荒漠化过程，大体可以分为 4 种。

沙地活化过程

这一过程指的是历史时期形成，并且已经固定的沙漠，植被遭到破坏以后，沙地（丘）重新流动的过程。在我国北方东部，尤其是科尔沁、浑善达克和呼伦贝尔沙地在沙丘的剖面中都可以看见 3 ~ 6 层古土壤层，说明沙地或局部曾出现过多次固定和活化的反复，原因归咎于气候条件的波动。对现代沙漠化过程来说，主要的是人为的行动造成的。所以，活化主要发生在农地周围的沙质农田、居民点、牲畜饮水点附近和交通线。

沙地活化过程中形成的风沙地貌形态严格地受原始形态的制约，但又绝不是原来流动沙丘地貌的再现，大多有了新的形态特征。抛物线沙丘就是沙丘活化过程中产生的典型的新形态。这是一种与常见的新月形沙丘方向相反的，是在有植被生长，固定、半固定情况下发展起来的。固定沙丘的迎风坡受到风蚀，出现“破口”，逐渐形成风蚀坑，吹蚀的沙子掺入气流，越过固定沙丘的定点以后在背风坡堆积。风蚀坑的逐渐发展把原来比较圆的沙丘改造成为抛物线形，随着风蚀坑的发展，抛物线的定点不断后退，沙丘逐渐呈“U”形，最终顶点可能被蚀穿，形成两列顺风向延伸的纵向沙丘。

沙丘活化过程中植被覆盖度和种类的减少是显而易见的。不同植物带原始植被类型和各变化阶段的植被类型会有所不同，植被演替的总趋势是相同的。

①群落结构从复杂到简单，层次逐渐减少。例如在我国科尔沁草原的东南部，固定沙地的植被可能有乔木层、灌木层、草本层，随着环境条件的变差，乔木层首先消失，到流动沙丘阶段就没有稳定的植被，只在背风处有非常耐沙埋的“流沙先锋”植物如沙米零星分布。

②植物的植株逐渐低矮、稀疏，干物质积累少，生物量（叶、茎、根的生长总量）越来越少。

纵向沙丘

③植物品质由优到劣，主要表现在禾本科和豆科可食性的比例减少（大多数禾本科和豆科植物的干蛋白物质含量高，是优良的牧草，所以草原质量优劣往往以禾本科和豆科植物的相对数量来衡量）。

由于沙丘重新受到风蚀，固定阶段形成的土壤腐殖质层不断被风蚀损失，以致缺失。整个土壤层受到风的分选，细小颗粒不断损失，颗粒粗化，并且细小颗粒作为土壤养分（有机质、全量养分、微量元素）和其载体一道吹蚀，土壤养分越来越少，土壤越来越贫瘠。

植被减少，沙直接暴露于风作用下，风中所含沙量越来越多，原来大风才能够吹起的沙子现在微小的风就可以吹起。

草原灌丛沙漠化过程

该过程一般出现在原非沙漠或沙地的外围的沙质或砾质草原上。是指沙质草原上灌丛沙堆形成、发展，物质富集，最终形成沙质荒漠的过程。

我国北方农牧交错地区的原始自然景观为疏林草原、干草原和荒漠草原。草场过牧退化后土质变得坚硬瘠薄，牧草退化，出现硬质灌木。在风力强劲的风沙环境里，灌丛对风沙起阻挡作用，夹带在风沙流中的沙粒停

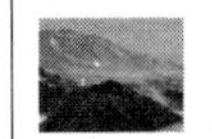

积在灌丛下，形成小型沙堆。由于沙的储水条件好，有枯枝落叶变成植物生长的养分，灌丛的生长条件相对较好，茂密的灌丛和密集的沙堆替代了原始的草原景观。这里的草原景观类似固定沙地景观。或因灌丛沙堆自身的发展规模过大，水分供应发生困难，或因人为破坏灌丛大批死亡时，草地从固定沙地演化为半固定沙地，进而为流动沙地景观。

地带性植被生长的自然条件不同，灌丛的植物种也不相同，发育成熟的灌丛沙堆的规模也有很大的差别。在我国东部农牧交错带，最常见的是锦鸡儿沙堆，一般沙堆高度1米左右，直径1.5～2米；而在新疆塔克拉玛干沙漠边缘的红柳沙包一般高度可达7～8米，直径10余米，天山南麓洪积扇前缘有高达10米以上的高大红柳沙包。

经野外观察和室内模拟试验，灌丛沙堆的初期形成阶段如下。①沙条阶段。顺风形成高度仅几个厘米，长宽比数十倍。②沙嘴阶段。呈以灌丛直径为底的等腰三角形，高度一般不超过35厘米，最宽处50～60厘米，长宽比5～10。③沙堆阶段。沙嘴下风向延伸部分不断缩短，高度不断增长，最后形成大头朝向主风向的卵形，剖面形态为流线型，长宽比小于2。④沙包阶段。形态变化不大，由于沙堆积蓄水分，植物繁殖布满整个沙包，使沙堆不断增高、加大，最终成为成熟的小型沙丘（包）。

一年一度的风沙季节和灌木落叶季节交替形成沙丘层理，从沙堆层理沙层和落叶层的相对厚度等可以反推灌丛沙堆形成时的环境变化。灌丛沙堆的层理为倾斜层理，基本以沙丘顶部为中心，分别向迎风坡和背风坡风向倾斜。层理的倾角从底部向顶部渐大，下部7°～9°，上部可达18°～22°。组成沙堆的沙粒一般迎风侧较背风侧粗，中心较外围粗。前者与迎风、背风面的风况差异有关，后者是随着沙包的发育成土作用渐强所致。

土层风蚀粗化过程

该过程指的是土地受到风蚀后表层土壤结构破坏，细粒物质损失，粗粒物质相对增多，土壤性能变差，肥力损失，地力衰退，导致整个生态系统退化并出现风沙微地貌的过程。

可能损失土层或土壤颗粒大小决定于当地一般风力、地面覆被状况、

水分状态。沙漠化地区凡是直径大于 2 毫米的沙粒级颗粒都可能在风力下产生移动，这些在研究风蚀时称做可蚀因子。但对一个大的区域来说，损失的主要还是粉尘（颗粒直径小于 0.05 毫米），因为只有细小的颗粒才能上升到高空，随风被吹向远方。而一般沙粒是贴地面向下运动在附近堆积。从区域的观点是“就地起沙”。而更粗的不可蚀因子则停留在原地。

在临近戈壁的地区风大，表土层损失的颗粒也大。而能留下的颗粒多为细砾级颗粒（直径大于 2 毫米），我们叫做砾质化。在我国干旱、半干旱区沙漠或沙地南侧的沙漠黄土过渡地带，土层沉积为沙质黄土，风力也不如戈壁地区大，风蚀损失的是粉尘部分，剩下的是沙粒。同样是风蚀，在这里进行的是沙化。如果是在自然的情况下，一旦地面粗化，就对下面的土层起到保护作用，但是在人为对土地年复一年的耕作干扰下，直到整个耕作层粗化才可能停息。

土壤的不均匀风蚀切割——劣地的形成过程

这种沙漠化的形态往往是从风蚀坑发展起来的，发育在泥土沉积的地区。原野上一旦发育风蚀坑，在坑壁等出现微小的陡坎，就对风产生干扰，使之产生涡流（近似通常说的“漩涡”），这种涡流对地面产生不均匀切割愈发使地面不平坦，最后可能出现中型的壁坎、土柱等，向着近似“雅丹”形态发展。

风蚀劣地按其出现部位可划分为：①洼地型，分布在较宽阔的山间洼地中，由湖沼相风积相地层组成，地层颗粒细，泥钙质较多，水平层理明显；②浅沟谷洼地型，细土沉积物以风成沉积为主，类似黄土沉积的垂直节理发育，往往在支沟汇合处气流容易形成涡流，劣地地形也最为发育；③山麓型，分布于丘陵山地迎风坡，组成以坡积物为主，因此下部夹有碎石，陡壁上平行斜坡的古土壤层很明显。

风蚀劣地是风对地面切割造成的，形成过程中风起主导作用无可置疑。经调查发现，我国东部风蚀劣地小型壁坎的形成往往是人为的。如在内蒙高原村落附近分布较多，是人工取土坑的基础上发育起来的，甚至人工修筑的路堑也能发育为风蚀劣地。

所以，各种各样的沙漠化过程，从它最后可能达到的地形形态景观可以划分出：沙质沙漠化、砾质化和劣地化。

沙漠侵蚀着城市

由于植被的减少，气候的恶化，沙漠不断侵蚀着我们的土地。以北京为例，近些年来，其边缘已经开始出现了土地沙漠化。

近几年北京春天出现了风沙天气回潮的现象，一些对沙漠学科和风沙气象似懂非懂的“专家”站出来说话，经过电视、电台、报纸杂志等新闻媒体的炒作，似乎北京要变沙漠了。看看这些吓人的报道题目吧：“沙漠离北京多远”（该报道说18千米，又有一篇文章说70千米）、“北京距‘沙’零千米”、“黄龙直逼北京，龙头越过官厅”、“沙丘又向北京逼近一米”等等；有关北京沙尘暴的报道也是用尽了夸张的词汇，“狂风数昨日为烈，北京遭受10年最严重沙尘袭击”、“沙尘肆虐北京城”、“蔽天黄云白日曛”……

其实记者们和一般公众不明白沙漠沙是怎样移动的；什么是沙漠和沙漠化土地；沙漠整体移动和土地沙漠化的区别；分不清扬沙、沙尘暴、浮尘几种风沙（尘）天气的区别。从中看出普及沙漠科学知识的重要性和沙漠科普工作的落后。

《防沙治沙法》通过以后有人给国家出了个主意（《防沙治沙法》还没有正式颁布实施，那这个主意当然是最近的事了）。这个热心人的主意是在我国北方架起一道20米的高杆子，杆子顶上架设类似风力发电机叶板，起风时风叶转动，组成一道“天幕”来削弱风力，防止风沙袭击。这种只能使人嗤之一笑的想法居然在中国科学院主办的《科学新闻周刊》上获得发表。也说明普及沙漠科学常识急不可待。

风沙物理学

沙漠沙和严重沙漠化土地的流沙在风力的作用下是怎样运（移）动的？细沙部分主要是贴地面的跳跃移动（风沙物理学起名称跃移）和贴地面滚

动移动（整体上看似蚯蚓等无足类爬虫在地上的蠕动，风沙物理学起名称蠕移）。风力强劲时一部分中粗沙也会产生运动，那都是蠕移了。故在风后可以看到沙丘表面，在细沙面上有中粗沙组成的千姿百态的沙波纹。一般沙漠沙在风力作用下蠕移和跃移沙占到98%，只有2%的粉尘（直径小于0.05毫米）随气流上升到空中，悬浮在空气中，随风漂移（风沙物理学上称悬移）。

跃移高度一般说来都很低，多年的测试证明，在地面上20厘米以内移动的沙量占85%，在40厘米内移动的沙量占95%。悬移的粉尘颗粒细、重力小，往往在气流上升力的作用下可以爬升到2000米的高空。沙漠不总是平坦的，上风向的沙在运动中要爬越风前形成的高坡、低地，由于爬坡风力会减弱，和汽车爬坡一样，运载能力减弱，风要卸载，一部分沙粒会停留下来；运动到沙丘间洼地沙子会因为洼地背风，风力小而停止运动。还有多数沙漠一年并不是总刮一个方向的风，一个季节，甚至一场风一变方向，故真正沙漠的沙子向一个方向的移动是很缓慢的，沙丘越高大越慢。由于地形和风系的影响，塔克拉玛干的沙子总体在向南移动，经1960年和1991年航空测量照片对比，时隔30年塔克拉玛干沙漠中东部的高大沙丘的移动量普遍小于1米。再据实地监测测量，一般年份沙漠中高度1.5米左右沙丘的移动量在5.5～7米。据报道，就是民丰、策勒沙漠边缘的低矮沙丘，前面已经地形坦荡，无阻力前进，每年的最大前进速度也不过18～20米。

北京沙尘源

北面离首都北京最近的沙漠是浑善达克沙地，最近距离240千米，即使在边部地形最有利的部位沙漠前进也难超过20米，更隔着山山水水，地形的复杂性不可能使沙漠沙横冲直撞。浑善达克沙地存在了至少有70万年，它是在更早的河湖沙沉积上就地形成的，现在还没有证实那一个沙漠是从别处移动来的。事实上，浑善达克沙地也经历了多次活化和固定过程，尽管现代沙漠化发展严重，总体上，现在流动沙的面积还没有超过它最大的时期，除东南角多伦县和河北省接“坝”部分外，其余方向外围保存完好

的固定沙丘可以作证。所以如果说浑善达克沙地的沙漠逼近北京城就是杞人忧天了。

无定河上游洋河河谷有几小块沙地，2000 年 4 月 21 日《新华每日电讯》一篇署名记者王文化，题目“黄龙直逼北京，龙头越过官厅”的文章对这里的沙地作了描述：“沿洋河、桑干河谷自西北向东南分布着五个沙滩，像一条黄龙直逼北京，‘龙头’已越过官厅水库。这 5 大沙滩面积达 30 万亩，每年向北京输沙近百万吨，是威胁北京最直接的沙源。”

官厅水库

“驱车出居庸关驶入河北怀来境内，不久就可望见叫做‘天漠’的近千亩沙丘，在天漠的后面便是 5 大沙滩之一的南马场。南马场处在官厅水库之南，面积有 10 万亩。时下已绿满京城，这里却是一望无际的黄色，几乎见不到植被，到处是起伏不平的荒沙。过了水库向北就是甘家滩，又是数万亩荒沙。在这两大滩的夹击下，官厅水库泥沙量达 200 万吨。沿京张公路向西北行，在宣化境内，可以见到洋河旁的山坡披着一条黄色的带，这便是面积也有 10 万亩的黄羊滩。此外还有怀安的金沙滩和阳原的开阳滩。”

混善达克沙地

除了入库泥沙量外，记者所记录的都是他所亲眼看到的事实。接着记者根据当地官员和群众的介绍，所写的多是“以讹传讹”的：

“这5个沙滩是由内蒙古、山西方向刮来的沙，遇山所阻落下而成，这几年面积却在不断扩大。”

据对这一带作过的样品成分、形态分析鉴定，洋河河谷的沙子的来源为洋河冲积沙，“沙滩”这个名称用得十分准确。在暴露在水上以后被不断改造，一些地方长期人为的破坏，地面不能固定呈现沙丘的形态，例如文中所提到的黄羊滩。随着整个地区干旱化的发展，这里的环境也发生了重大的变化。桑干河变成了一条季节性河流，洋河的水量缩减了2/3，成了一条排污沟。沙滩沙的面积可能有所扩大，当然的是向下风向扩展，因为在北京三大风口地形的上风向，也会悬移的粉尘掺入沙尘暴、浮尘越过八达岭，进入北京平原。洋河谷地发生的这些也是地道的沙漠化过程。

无定河的沙子进入北京并不是新鲜的事。无定河出西山以后在北京平原上留下面积58.5万多亩的5条沙带；北部潮白河、温榆河流域也有零星的沙地存在，面积30万亩，北京平原沙地总面积88.5万多亩，占9.22%。南郊无定河冲积平原上的5条沙带是以沙质高岗形式出现的，现代无定河谷里，目前仍有流动沙丘，15年前，在5条沙带上仍有近16万亩沙荒地，其中有6处，合计面积1600亩春季强烈起沙的沙丘。人们不仅要问这么多沙是从哪里来的。如果追根溯源的话，也可以追得很远，但堆积在北京平原则是古代无定河等河流决口泛滥的结果。原来，自1600年前开始，由于上游黄土高原的土地开发，水土流失使无定河变为一条多泥沙的河流，推测泥沙最多的时期，河水的沙量不亚于现今的黄河，河流经常决口、泛滥、改道。河流所携带的泥沙不断沉积在河道里，使河道变高，高出两岸平

携带大量泥沙的无定河

原，成为像现在黄河一样的“地上悬河”，直到再次改道，5条沙带就是无定河改道留下的古道，这些河流古道和决口泛滥冲积扇上的沙质地一旦缺失了植被覆盖，土地沙漠化过程就开始了。这正是像北京平原这样半湿润地区土地沙漠化最普通方式。

一个地区的沙漠化过程可能不断向前发展，在某一阶段得到恢复逆转，尤其在人为的治理下。判断一个地区沙漠化形势正在恶化还是逆转，主要是看事实。20世纪50年代初期，我国第一代领导人就亲自上阵，在永定河上修筑了官厅水库，昔日的“浑河”、“小黄河”、“无定河”才真正变为永定河。河流泛滥、改道，泥沙肆虐的历史不再，堵住了沙源。紧接着在20世纪50年代后期开展了大规模的造林治沙，20世纪60～70年代，永定河平原沙区已经林路成方，建成高水平的农田防护林网，“刮风就起沙”的沙区已被片林、农田所覆盖。20世纪80年代后期，治沙后期，进入沙质土地高效利用阶段。利用沙土地松软的优势，大兴县成了北京瓜、葡萄基地，森林公园等也是层出不穷。1986年我们调查时尚遗存的1600亩沙丘也不复存在了。

所以北京平原是沙漠化区域。如果要把北京算做沙漠化土地，应当定性为已逆转的沙漠化土地。

2000年，在北京也出现风沙的大讨论。1977年内罗毕联合国第一次荒漠化会议上，把北京地区列入受荒漠化影响（或译作危害）地区。有人在《光明日报》发表了标题“风沙进逼北京城”的文章，引发了学术界关于北京风沙的讨论。

风沙天气的划分

地球科学里把风蚀沙粒移动、搬运和在异地堆积的过程叫做风沙运动，或简称风沙。前面我们已经讲过风沙运动的3种方式。气象观测把出现风沙运动的天气称做风沙或风尘天气。根据风沙天气的不同表现、危害程度，对应不同的风沙运动的方式，气象观测把风沙（尘）天气划分为如下几种。

（1）扬沙，指由于大风将本地沙尘吹起，沙粒运动基本为跃移和蠕移，水平能见度在1～10千米。

(2) 沙尘暴，指由于强风将地面大量沙尘卷起，空中有大量悬移沙土，地面也有跃移和悬移的沙；水平能见度小于1千米，其中强沙尘暴水平能见度低于200米；特强沙尘暴水平能见度低于50米，俗称“黑风暴”。

(3) 浮尘，指尘土、细沙均匀的漂浮在空中悬移，使水平能见度小于10千米，多为远处沙尘经上层气流传输而来，或是沙尘暴天气过后细粒物质在空中持续悬浮的现象，地面一般已没有跃移和悬移的沙。

北京沙尘天气的历史

公众和报道中易混淆浮尘、扬沙、沙尘暴3种沙尘天气。我们告诉大家，近年北京出现的沙尘天气多是上风向吹来沙物质，为就地的扬沙和上风向吹来的浮尘，极少量的沙尘暴也是一般强度的弱沙尘暴。

北京历史上曾出现过非常严重的沙尘暴。史前形成西山黄土的时期不必追述。古文献中记载的“风霾，扬尘蔽空”，“霾雾四塞，咫尺莫辨”实际就是强沙尘暴天气。北京地区最早的沙尘暴记录出现在公元440年（北魏太平真君元年），15世纪中叶到17世纪中后期（明代中后期到清代前期）是北京平原沙尘暴最多发、强度最大的时期，有连续40～50天“霾雾四塞，咫尺莫辨”的日子。沙尘暴不但出现在冬春季节，并且也屡屡在夏季出现。每年都有人员死亡、失踪的报道，财产的损失更是难以估算。有的历史学家说是恶劣的天气和持续的旱灾加速了明王朝的灭亡。从北京沙尘暴发展历史可以总结出两条结论：①北京沙尘暴出现在周围大规模开垦土地后若干年（约30年）；②沙尘暴在干冷的气候条件下最为猖獗。

据我们统计，近50年北京共出现沙尘天气1396天，平均每年28天。其中扬沙天数占70.9%，浮尘天气占20.5%，沙尘暴只占8.6%。

从20世纪50年代，北京的风沙天气总的是逐渐平息。从20世纪50年代初的平均每年78天，到20世纪末的平均每年7.4天，50年减少10倍。沙尘暴出现次数从1951～1955年的33次，平均每年6.6次，减少到1986～1990年的5年3天，而且1996～2000年的5年一直没有沙尘暴的记录。但是不是直线下降的，其中有波动，1965年和1966年，分别有12天和20天，是50年来沙尘暴最多的年份。

新闻媒体报道2000年北京出现沙尘暴12次之多，但我们查阅了北京县级以上气象观测站的观测记录，只是通州县记录了一次一般的沙尘暴。北京地区2000年4~5月共出现9次沙尘天气，以4月6日的沙尘天气最强，当天的最低能见度为500米，最大风速为14米/秒，近地面层空气中含沙量才1毫克/立方米，属于一般沙尘暴，仅对空气质量及交通等有轻微影响。

那么2000年沙尘暴为什么会引起人们的注意和恐慌？①近几年我国西北地区、内蒙古中西部地区生态环境急剧恶化，荒漠化严重发展，强沙尘暴增多，关于这方面的报道多，人们自然会把北京出现的扬沙天气与沙尘暴联系起来。②随着人们生活水平的提高，群众对环境质量的要求也不断提高，人们再也不能忍受四五十年前那种“头巾抱头”、“天昏地暗”的恶劣天气。③公众环境意识提高。④我们在建设中确实存在着建筑弃土不能即时处理，造成扬沙增多的现象，虽然，这在大规模建设中是难免的，也应引起特别的注意，改变过去“先破后建”的施工工序，在建筑物建设的同时，绿化和处理地面，尽快处理弃土，扬沙现象也会和沙尘暴一样减少到最低的程度。

逐渐缩小的绿洲

沙漠里的绿洲

绿洲是干旱区一种独特的地理景观。是荒漠中有水源、适于植物生长和人类居住、可供进行农牧业和工业生产等社会经济活动的地区。

绿洲一般呈带状或点状分布在大河附近、洪积扇边缘地带、井泉附近及有高山冰雪融水灌溉的山麓地带。这些地方植物生长良好，林木葱郁，流水潺潺，与周围沙漠、戈壁景色迥然不同，犹如散布在广袤沙漠中的绿色岛屿。特别是老绿洲位于有利的地貌部位，土层深厚，既有灌溉之利，又无土壤盐渍化之虑，加上日照丰富，农业常可获得稳产高产，成为“荒漠中的明珠”。当你骑着骆驼，悠然自得地走进绿洲深处时，霎时神清目爽。怡静幽美的环境，春天般温和的气候，令

沙漠中的绿洲

人沉醉的清新空气，给人一种惬意的享受。尤其长途跋涉在浩瀚的沙漠里，一见到绿洲生机盎然的景色，更会激起无限的深情。所以，人们常把绿洲比做沙漠里的“世外桃源”。

我国古代称绿洲为“沙中水草堆或水草田”，“沙中水草堆，似仙人岛”就是对绿洲的生动写照。我国维吾尔族人把绿洲叫做“博斯坦”。近代不少学者又把绿洲称为“沃洲”或“沃野”，即沙漠、戈壁中的水丰、草茂、土肥的肥沃土地。“洲”字在《辞海》中意为“水中陆地”，而“绿洲”则应是茫茫瀚海中的“绿色小岛”。绿洲一词在干旱地区使用，既形象又准确，不但科学地反映了它的大小和规模，亦说明了它与周围大环境之间的关系。

绿洲位于干旱自然地理环境之中，处于干旱气候控制下的沙漠、戈壁的包围之中，与荒漠相依而存在，并为其所隔绝。因此，干旱是绿洲的显著特点，也是绿洲出现和存在的主要条件。但是，干旱地区不是随处都可有绿洲，它只发育在各种条件（如水源、土壤、地貌等）组合较好的地方。这些条件的存在是有规律性的，所以绿洲的分布也有明显的规律性或地域性。半荒漠地带类似的绿色斑块不能称之为“绿洲”。

绿洲的类型

没有水就没有绿洲，水是绿洲的决定条件。其水体来源大致有 2 个方面：①高山降水、冰雪融水及相应形成的地表径流和地下水；②流量较大、水量较稳定的常年性河流。前者以我国新疆、河西走廊的绿洲为代表，后者以银川平原、河套平原为代表，世界上北非的尼罗河谷地亦属此例。

绿洲以水源分为内流型绿洲与外流型绿洲两类。外流型绿洲因有流量稳定的长年河流可以依赖，水源的可采幅度较大，只要地貌上不限制其扩大空间，随着这个地区水利、农业、工业、交通等产业的发展，绿洲面貌不仅会有较大改观，空间范围也会有较大地扩展。内流型绿洲直接、间接以高山降水和冰雪融水为其生命源泉，而这种水源的总量和可采用量都有一定的范围，使绿洲发展受到局限和抑制。换言之，可利用

的水资源量（包括地表水、地下水）基本决定着绿洲的规模和承载力。以新疆为例，出山口地表水884亿立方米，平原地区散失（包括入湖水量）达647亿立方米，其中绿洲区散失460亿立方米，占平原区总消耗量的21.1%。从现阶段看，每养育1平方千米的绿洲需消耗约54200立方米水（包括地下水），亦即平均每公顷绿洲需耗水5420立方米。可见，水资源在绿洲生态系统中占有核心地位，是绿洲盛衰的主要制约因素。

绿洲本身是由荒漠、草甸、沼泽系统演变而来，但由于受水资源的调配、建设工程布局、劳动力调度、财力分配、市场变动及自然灾害（旱、风、沙、碱）等动力因素制约而显得不稳定，再加上其他自然和人为的不确定因素，使其处于活化、变动状态。特别是绿洲存在于恶劣严酷的环境之中，被干旱沙漠、戈壁包围的地缘条件和强烈依附于外区输水的特性，更决定了绿洲生态系统的脆弱和易变的特性。从长期环境演变的角度看，历史上各种原因造成的水源枯竭、河水断流、土地沙化及盐渍化、植被毁灭，往往导致聚落废弃、绿洲迁移。例如甘肃河西走廊到处可见被流沙覆盖的弃耕地及荒废村舍与城廓，曾孕育过沙井文化（一种青铜器文化，时代相当于中原地区的西周晚期至春秋战国之间）的民勤沙井子、临泽黑河北岸平川的汉代遗迹、敦煌南湖的唐代寿昌县城，过去都是水草丰美的绿洲，现在均已被流沙吞没，古今环境大相径庭。

尽管绿洲系统具有不稳定性，但它毕竟是人类通过漫长历史过程，经过极其艰辛的劳动建设起来的。绿洲内水、土、光、热等自然资源组合及人口、技术、装备等社会经济资源配置齐全而优良，无机过程、有机过程和人文过程相叠加而显得富有生气和活力，孕育着绿洲农业和绿洲城镇等高效生态系统。因此，绿洲面积（从几平方千米到上千平方千米）在干旱地区所占比例虽不大，且分布零散，但却为经济、文化荟萃之地，是人口最集中的地方。以新疆而论，绿洲的总面积不过7万平方千米，仅占新疆土地总面积的4.2%，但古往今来，它一直是各族人民的摇篮，占据着重要的位置。在这不到5%的绿洲土地上，几乎分布着新疆所有的种植业、村庄、

城镇和工业企业，居住着全疆95%以上的人口。

绿洲的类型除前述按水源划分的内流型绿洲与外流型绿洲外，人们从不同的角度、出于不同的目的及采用不同的指标，还可以对绿洲作其他类型的划分。

按人类活动强度和对自然环境的影响程度可以划分为天然绿洲、半人工绿洲和人工绿洲。①天然绿洲是在自然条件下形成的，人类活动对其无影响和影响微弱，如大河沿岸的河谷林、河流下游及扇缘潜水溢出带的茂密荒漠林和大片芦苇沼泽等。②半人工绿洲是指人类经济活动起着一定作用，或对天然绿洲进行某种加工的绿洲，如受到人工灌溉可供打草、放牧的河谷草场，在人工特殊保护下恢复生机的次生河谷林。③人工绿洲则是在人类的开发经营活动起决定性的作用下形成的，原有的自然生态系统已彻底或基本发生改变，如农田绿洲、城镇和工矿型绿洲。

从时间尺度上，可按其开发利用历史的长短和兴衰变化情况，将人工绿洲划分为古绿洲、老绿洲和新绿洲等类型。①古绿洲是指历史上曾经存在过，后来由于其存在的自然地理条件发生变化。主要是水源减少、水质恶化而废弃的绿洲，当然也包括延续至今依然存在的绿洲。我国干旱地区有很多古绿洲的遗址。在甘肃河西走廊地区规模较大者有黑河中游地区的骆驼城，下游地区的居延和疏勒河流域的苦峪城（锁阳城）古绿洲。在新疆塔里木盆地周边的沙漠深处分布着更多的古绿洲，比较著名的是孔雀河下游罗布泊西北岸边上的楼兰，尼雅河下游沙漠深处的精绝，克里雅河下游深处的扞弥等古绿洲。这些曾经盛极一时的古绿洲是什么原因使其衰落、放弃，弄清这个问题，总结历史经验，对于防治干旱地区荒漠化，对于绿洲的建设和保护具有重要意义。②老绿洲是指开发历史悠久（一般有数百年甚至上千年的开拓经营历史），至今还在利用的绿洲。③新绿洲一般指近50年新开垦建设的绿洲，人类经营活动仅十几年、几十年。

按形成的地质地貌条件或土地类型，还可将绿洲划分为山前倾斜平原绿洲、冲洪积扇绿洲、河流冲积平原绿洲、河流干三角洲平原绿洲、山间盆地绿洲和湖岸平原绿洲等。

从绿洲功能和建设方向又可将人工绿洲划分为农村绿洲（如农业绿洲

或农田绿洲，包括以人工林业、牧业、草业、渔业为特色的绿洲)、城镇绿洲（如乌鲁木齐绿洲、克拉玛依绿洲）和工矿绿洲（如可可托海绿洲、独山子绿洲、哈图绿洲等)。

总之，划分绿洲类型有助于人们深入地研究绿洲的形成演变规律，也便于人类根据不同类型的绿洲特色开展规划与建设。

绿洲独特的气候效应

绿洲与沙漠、戈壁同处于干旱地区，气候上有许多共同点，特别是光照和热量条件共性较多。但绿洲内林带成网，沟渠纵横，作物茂盛，土壤含水量和土壤质地与沙漠下垫面相比，发生了根本变化，所以绿洲气候与四周的荒漠气候又有着明显地区别，形成一种地方性的绿洲气候。一般说来，“水”是维系绿洲的命脉，绿洲气候与沙漠气候的差异程度取决于灌溉及其规模。绿洲的气候效应主要表现在以下几方面。

（1）冷岛效应。各种状况的地面对太阳辐射的反射率是不同的，使近地面空气受热状况不同。绿色的原野上，因为城市建筑物集中，绿色植被较少会出现城市“热岛现象”。近年的研究发现，沙漠或戈壁中孤立的绿洲或湖泊，因为比周围荒漠反射太阳辐射少，近地面空气增温慢，会出现“冷岛效应”。干旱地区的绿洲由于其四周环境为沙漠或戈壁，在阳光的照射下，沙漠戈壁地表和近地面空气强烈增温，而绿洲由于植被蒸散和水分蒸发消耗大量的热量，地表温度增加得很慢。在夏季日照下沙漠同绿洲或湖泊表面温度差可达10℃以上，有时超过30℃。而且，由于绿洲与荒漠间的热力交换，产生了“绿洲风”，使绿洲的绿岛效应长期存在。根据初步观测，近地面4米以下绿洲气温几乎全部低于沙漠、戈壁气温，农田上空8～16米气温仅在个别时间高于沙漠上空同高度的气温。如1984年在河西走廊张掖的实际观测，绿洲同戈壁在1米高处的温差最大达5.4℃，平均温差达2.5℃（两观测点相距20千米)。有时甚至观测到绿洲气温低于沙漠、戈壁8℃以上的情况。绿洲较沙漠气温的年变化也小。

（2）湿岛效应。干旱地区绿洲或湖泊要长期存在，必须有充分的水源以保持水热平衡。因此，绿洲的湿度较周围荒漠大，成为沙漠或戈壁的“湿岛”。从总体看，绿洲面积愈大，进行蒸发、蒸腾的水分来源愈多，湿度条件愈好。而且，绿洲内部湿度大于绿洲边缘。根据计算，位于库玛立克河与托什干河三角洲上的阿克苏绿洲，一年中引水111.4亿立方米，而每年被蒸发和蒸腾的水量平均有46.22亿立方米，这相当于500毫米降水量，再包括被直接蒸发的降水量，则在500毫米以上。所以，使得绿洲内全年平均空气湿度并不太小，处于绿洲中心的阿瓦提和阿克苏年平均相对湿度为58%～59%，甚至略高于北京。

（3）增雨效应。干旱地区大面积灌溉是有增雨效果的。著名气候学家兰兹伯格指出，1930年以来，在美国俄克拉何马等3个州的62000平方千米土地上灌溉，使这些地区初夏雨量大约增加了10%，给出了干旱与半干旱地区大面积灌溉产生增雨效应的典型实例。这是因为绿洲内荒地、农田、水域相间，特别是绿洲和沙漠边缘地区存在大的温度和湿度差异，容易诱发对流，产生降水。

（4）防风效应。绿洲天然和人工植被的生长，改变了地面状况，对气流的影响主要表现为：①直接削弱了风力；②热力作用产生的局地环流干扰了风，使绿洲外沙漠、戈壁与绿洲内的风向风速存在显著差异。例如，位于石河子垦区中心的石河子市绿化覆盖率达30%，已经做到“无地不绿，无路不树”，被誉为“戈壁明珠”。市区与郊外相比，风速降低40%，大风时间降低60%。处于风沙前缘的农场建立了较为完整的防护林体系，极大地提高了抗御风沙能力。石河子市是20世纪50年代新建的绿洲城市，1961年5月31日刮了一场历时8小时的8级大风，农作物损失面积占播种面积的21.5%；而1983年5月21日又刮了一场7小时的8级大风，因绿洲防护林带长大，起作用，农作物损失仅占播种面积1.1%。车排子垦区百万亩耕地因有防护林保护，与建场初期相比，8级大风频率由1960年前的平均每年20.7次，减少到1970年以后的每年8次。1982年6月25日，车排子遭受了一次20多年来未曾有过的狂风袭击，位于车排子垦区中心的风力也有11级，上千株树木和数百根电线杆被刮倒刮断，但是在绿洲林网保护下的农作物却安然无恙。

根据研究判定，只要绿洲范围足够大，上述气候效应都可在低层大气内出现。绿洲气候效应的垂直厚度约为200米，不到大气边界层（500～1000米）厚度的1/2。

绿洲的生态系统

处在干燥气候区的绿洲同其外围的沙漠、戈壁一样，降水少、风沙大、多盐碱，植被必须适应这些特殊的自然条件才能生存和发展。另一方面，绿洲日照强烈，光合作用充分，草木生命力旺盛，靠少量水源就能自然生长。这样久而久之就形成了某些绿洲特有的植被。尤其是在河谷地带，丛生着大片的荒漠河岸林，像一条条天然绿色屏障阻挡流沙移动，护卫着绿洲的农田和村落，成为荒漠地区一种非常特殊的自然景观。绿洲树种多为杨柳科和榆科植物，均具有一定程度的抗旱和耐盐性。植被结构分乔木、灌木、草本三层。林木主要依赖地下水生长，林下植被属于荒漠区成分。当地下水位降低后即引起死亡，民勤绿洲的退化就是这种情况造成的。

胡杨、银白杨、白榆树等是我国西北干旱区分布最广的，又是特有林木树种。

胡　杨

胡杨林是中亚和我国西北地区特有的荒漠河岸林植被。分布范围颇广，新疆南北，诺敏戈壁南缘、阿拉善荒漠至柴达木盆地都可见到。尤以南疆塔里木盆地为集中，沿塔里木河两岸生长茂盛。在塔里木河、叶尔羌河、喀什噶尔河、阿克苏河、和田河的汇流处，胡杨林东西长150千米，南北宽70千米，宛若一条绿色的长城。林中灌木很少，地面铺满枯枝落叶，土质十分肥沃。在这茫茫的林海中栖息着许多飞禽走兽，有老虎、马鹿、野猪、羚羊等。100 年前，从喀什到阿克苏的道路就经过这片密林。路上每隔一段距离，就在路旁用四根木桩把一个棚屋架在半空中，供天黑行人过夜，以躲避猛兽。

塔里木河

羚 羊

叶尔羌河

马 鹿

胡杨，别名异叶杨、胡桐、水桐树，蒙古语名托奥罗，维吾尔语名托克拉克。沙漠中的河道经常改道变迁，胡杨的生活环境经常发生变化，常遇到水源断绝的情况，但是当地老乡说，“胡杨一千年不死，死后一千年不倒，倒下一千年不腐”，有“沙漠中的英雄”之称。可见，胡杨的生命力之强，也说明当地环境干燥异常。胡杨的幼树或成年树基部及萌生枝条上的叶片狭长，好似柳叶，大树上的叶片为卵形、菱形或桃心形。这就是“异叶杨”的由来。塔里木河沿岸的胡杨一般高7～11米，最高可达20米以上，平均胸径（成人胸部高处丈量的树木直径）20～30厘米，郁闭度（树木杆、棱、叶对地面遮盖的程度，全遮盖为1）0.2～0.4。伴生树种仅有少数沙枣。林下灌木为柽柳（柽读chēng，柽柳即通常所称的红柳或三春柳）、铃铛刺、苏枸杞等。在盐渍化较重处出现西伯利亚白刺和盐穗木。草本植物有骆驼刺、罗布麻、甘草、苦豆子、花花柴、拂子茅、芦苇等。总覆盖度可达40%。

灰杨林分布范围较为局限，仅出现于塔里木河中上游沿岸，其他地方未见。灰杨比胡杨抗旱性差，要求有较多水分，且不耐盐。其树身也较矮，一般只有4～8米。

银白杨虽为暖温带常见树种，但天然银白杨林只见于北疆准噶尔盆地的额尔齐斯河沿岸。树高12～20米。林中混生黑杨、衮毛杨、白柳等。林下灌木有油柴柳、野蔷薇等。草本有偃麦草、光甘草、芦苇等。

银白杨

白榆林分布在天山北麓洪积扇下部河流沿岸。土壤为冲积沙壤质土，轻微盐渍化。白榆高5～7米，林冠郁闭度0.3～0.5。林中混生少

白榆树

量胡杨和沙枣。林下灌木有铃铛刺、兔儿条、野蔷薇、大叶小蘖（niè）等。草本有自车轴草、赖草、芝麻蒿、苦豆子、拂子茅等。至今这类森林大部已被砍伐，垦为农田，留下的多为根部萌芽形成的次生林，生长不良。

此外，有些河流沿岸（如额济纳河）还散布有小面积沙枣林，它通常与柽柳灌丛或柳灌丛、苦豆子、赖草为主的河漫滩草甸相结合。

绿洲生态系统与周围的荒漠地带相比有着它的特点和很大的优越性。绿洲不仅是人类得以生息、繁衍的重要场所，而且也是野生动物的乐园。由于大陆性气候显著，昼夜温差较大，绿洲植物有机质积累丰厚，草木根、茎、叶、果实多汁多营养，可满足各类动物择食需求，于是在绿洲植物的庇荫养育之下，大量的野生动物得以繁衍，绿洲环境显得生机蓬勃。绿洲的动物比较复杂。首先是鸟类特别活跃，小斑鸠、灰斑鸠、原鸽、戴胜鸟、红尾伯劳、紫翅椋鸟（椋 liáng，八哥属椋鸟）、白脊鸽、黄头脊鸽和家燕等，均为常见种类。凤头百灵、地鸦、沙鸡和漠鸡也不少。大

小斑鸠

白鹭和苍鹭是终年居留的涉禽。赤麻鸭、鹬和黑水鸡、燕鸥等是夏季常见的游禽。

灰斑鸠

紫翅椋鸟

常年居住在绿洲中的小型兽类，以子午沙鼠、红尾沙鼠、灰仓鼠、跳鼠、林姬鼠、田鼠、大耳猬（刺猬）等多见。例如在北疆农田中有13种鼠类汇集。绿洲中有众多的河流湖泊，河湖中有机质丰富，鱼类生长快，特有鱼种颇多，如大头鱼、尖嘴鱼、河鲈、小白鱼、红鱼、鲟鱼等。两栖类动物中以绿蟾蜍最为常见，多集栖于绿洲农田、潜水溢出带和河湖之滨的草丛中。

绿洲动物多数与人类有着较为密切的关系。麻雀、燕子、戴胜、蝙蝠等喜欢在人类居住的建筑物上筑巢繁殖，有的简直就是人类的亲密伙伴。仓鼠、小家鼠更是依靠人类住宅而生存、繁殖，才保存了极大的种群数量。绿洲中生存的各种野生动物，有的给人类带来了利益，也有的给人类带来传染病和灾难。在新疆南部的和田等地，鸟类数量多的绿洲，就很少发生虫灾。新疆北部则是我国鼠害最为严重的地区之一，其特点是种类多、数量大、分布广。在近代历史上，已知天山北麓大规模鼠害曾发生过8次，伊犁盆地两次。1992年发生鼠害时，玛纳斯等地的庄稼被老鼠吃得净光，许多农民不得不靠挖野菜、草根过日子。造成鼠害的老鼠均属啮（niè）齿目仓鼠科、鼠科、跳鼠科8科的14种啮齿动物，其中以鼠科的小家鼠危害最大。小家鼠是人类

住宅内最常见的动物，在新疆有居民点的地方几乎都有小家鼠栖居。小家鼠有时数量激增，泛滥成灾，除危及农田外，还危及果园、仓库和住宅。

燕　子

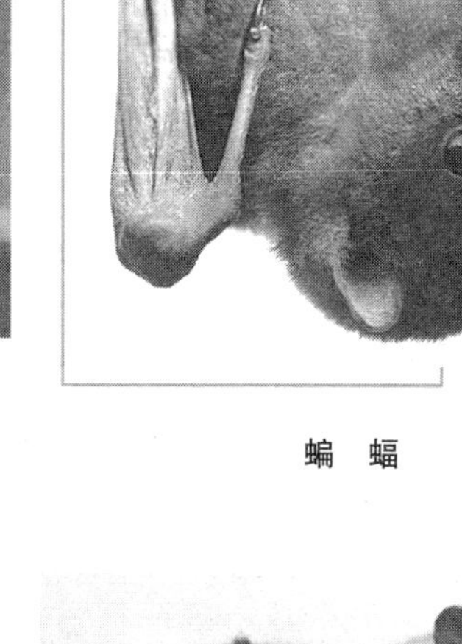

蝙　蝠

由于自然界的复杂生态关系及生物本身繁殖上的复杂反馈作用，虽经多年研究，绿洲鼠害的发生规律还未能摸清，有待于进一步研究，以便人为控制鼠害。

小家鼠

绿洲的农业

绿洲农业是干旱地区十分重要的经济部门。它是当地各族人民长期改造自然、利用自然、从事农事活动的结果。干旱区沙漠、戈壁广布，气候干燥，自然条件严酷，农业的特点是“非灌不植”、“地尽水耕”，也就是说，“没有灌溉就没有农业”。只有在那些具有稳定地水表源的河流沿岸或地下水源较丰富的潜水溢出带，人们才能引水灌溉。光、热、水、土和生物资源得以结合，栽培作物，饲养牲畜，发展农业。这是绿洲农业不同于一般农业地区的一个最主要的特点。农作物种植面积的大小主要取决于灌溉水源数量的多少，一般以种植小麦、棉花、玉米等作物为主。水源特别丰富的局部地方，也有种植水稻的，如张掖绿洲等。

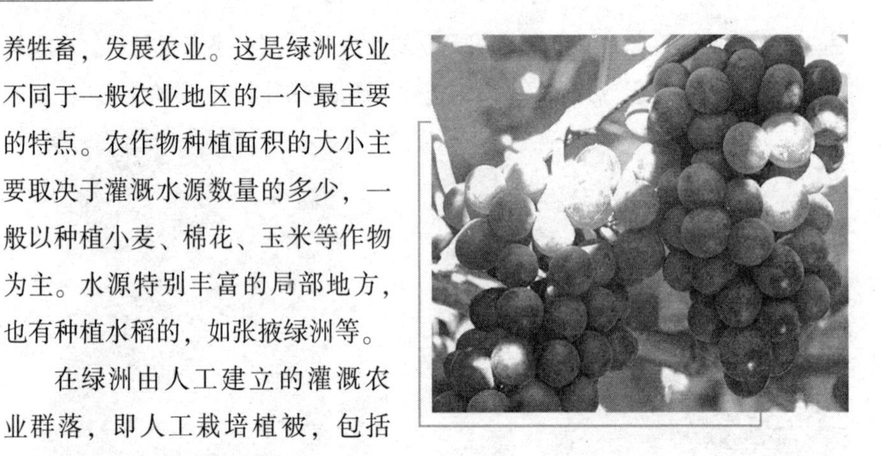

葡　萄

在绿洲由人工建立的灌溉农业群落，即人工栽培植被，包括各类一年生大田作物和落叶经济林木等。主要粮食作物有小麦、玉米、水稻、小米、高粱和马铃薯等。经济作物有棉花、甜菜、花生、胡麻、大麻等。果木一般有苹果、桃、梨、杏等温带种类，在热量高的东疆山间盆地和塔里木盆地还有喜暖的胡桃、葡萄、无花果、石榴、乌梅等果树。其中吐鲁番盆地葡萄和瓜果含有特别丰富的糖分及维生素，香甜可口，负有盛名。南疆绿洲上还广植桑树，是发展蚕丝业的基础。

无花果

绿洲农业在新疆和甘肃河西走廊一带分布较为普遍，尤其在位于天山、昆仑山之间的南疆地区，分布有世界上最典型的古老绿洲农业。在千百年与自然的斗争中，我国各族人民在西北干旱地区绿洲通过大量农业生产实践，积累了丰富的经验，培养出不少适宜于各绿洲特殊自然条件的作物、植物。如新疆绿洲的一般做法如下。

(1) 利用温差大，有利于积储高糖分作物的特点，发展瓜果、甜菜等。很早就种植了西域的葡萄、西瓜等。

（2）利用日照长而强的气候特点，发展棉花，特别是长绒棉。

（3）适应干旱气候，发展耐旱作物，利用坎儿井（新疆东部特有的，从山前引地下水的横向渠道形式引水渠）灌溉，以减少水源蒸发。

（4）适应沙地的特性，发展沙地作物如花生等。

在农业生产上，绿洲具有明显的优势。由于那里光能资源丰富，太阳辐射总量大，温度春高秋低，昼夜温差大，所以有利于光合作用产物的积累，农作物果实中糖分和蛋白质含量较高。在水源和肥料来源有充分保证的条件下，农作物产量往往较高，质量也较优良。如新疆南部地区拥有远胜于我国东部各棉区的光照条件，热量也比同纬度黄河流域为高，昼夜温差一般为12℃左右，最高可达20℃。不仅有利于农作物养分的转化和积累，而且可以防止虫害滋生，自然条件能满足中、晚熟陆地棉和长绒棉的种植，所产棉花绒长等指标都比国内其他棉区为优，可逐步建成全国性大型的高产稳产优质长绒棉和彩色棉生产基地。

绿洲农业还有防害的一面，其本身所固有的特点与问题也是不可忽视的。例如，由于自然和人文地理环境的封闭性，造成的对外联系不便，山地水源涵养林及绿洲外围植被的破坏导致风沙、尘暴、盐碱等自然灾害频繁，随着工农业生产的发展，流域上、下游用水和工、农业用水矛盾突出，绿洲用水将日趋紧张，不少地方会出现水源危机。因此，绿洲保护、利用和优化的关键措施是水利、治沙和盐碱地改良。历史上这些关键措施，特别是水利设施的兴废，往往直接影响绿洲面积的扩大和缩小，甚至废弃。所以，从长期环境演变的角度看，绿洲的农业生产又具有不稳定性。

绿洲中的水危机

绿洲是荒漠地区特有的地理景象，是大自然赐给荒漠的宝地，它给荒漠带来了蓬勃的生机。人们不禁要问，在茫茫戈壁、浩瀚的沙漠之中，怎么会出现土地膏腴（yú，肥沃）、水草肥美、类似江南景色的绿洲。

无水是沙漠，有水是绿洲

椰　枣

绿洲在世界各地荒漠中都有分布，尤其在亚、非两大洲，它们断续分布于北非撒哈拉大沙漠，经西南亚，至中国内蒙古高原和新疆南北两大盆地、甘肃河西走廊的广阔地带。亚、非绿洲东西绵亘125个经度，长达万余千米，横跨副热带、温带，是旧大陆古文明的发祥地和传播带，也是当今沙漠化最强烈、社会经济政治形势最敏感的地区。

在北非，除东部有尼罗河贯穿并注入地中海成为外流水系以外，其余几乎全为内流区或无流区，无常年水流，河谷只在降雨时短期有水。部分干河谷是第四纪湿润期（雨期）形成的。当时大量降水下渗，成为目前撒哈拉沙漠地下水的主要来源。在阿特拉斯山前缘凹地区和中部高地干河谷及小盆地中，由于地下水出露，形成许多肥沃的绿洲。如埃及的锡瓦绿洲、达赫拉绿洲，利比亚的费赞绿洲群、库夫拉绿洲群，阿尔及利亚的艾因萨拉赫、图吉尔特、古拉拉、瓦尔格拉等绿洲。都是渠道纵横，流水潺潺，林木葱绿，庄稼茂盛，一派生机勃勃的景象。这些绿洲绝大部分利用地下水灌溉，灌溉方式有坎儿井灌溉、井灌、泉水灌溉等。主要的作物是椰枣，它是古老的栽培作物之一，早在3000年前就已是古埃及的重要作物。

“骆驼居民”

现在，撒哈拉地区共有椰枣20～30种之多，3000余万株，占世界总株数的1/3，年产数十万吨。椰枣树阴造成的凉爽小气候，还可以为

种植其他作物提供有利的生态环境，如棕榈、橄榄、葡萄、蔬菜、粮食等。全撒哈拉地区，有2/3以上的居民在绿洲从事农业，其中既有以游牧为生的阿拉伯“骆驼居民”，又有定居耕种的黑人“椰丛居民”。

位于亚洲西南部的阿拉伯半岛，是世界最大的半岛，面积有300万平方千米，可是沙漠却占据了1/2以上的土地，是世界沙漠最多的地区之一。这里虽然东西临海，但由于处在北纬15°~35°之间的副热带，终年盛行下沉气流，气候干燥、炎热，致使全境看不到一处河溪和湖泊，而是纵横分布着许多没有水的干谷，一般多呈长条形延伸。有时一阵暴雨来临，干谷淌着湍急的流水，一待雨过天晴，干谷里看不到任何水迹，只留下一层黏泥。这些干谷都是过去河流的遗迹，说明在某些地质年代里，降雨较多，地表水流发育，塑造了这些河谷。干谷里看不见地表水，却含有一定数量的地下水，在一些低洼的地区，地下水还会涌出地面，甚至在世界第一大流动沙漠鲁卡哈利沙漠里，偶尔也有几处泉水喷出。

早在古代，阿拉伯人就开始引水灌溉沙漠，在荒芜的干旱区，开辟出许多斑点状的人工绿洲。一般绿洲多位于红海、波斯湾等沿岸低地（沿海

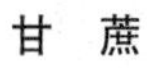

甘 蔗

海 枣

绿洲)，干河床附近和大水井旁边。南部沿海绿洲，因受印度洋季风雨影响，植物较茂密，盛产咖啡、树胶、海枣、苦果、棉花、甘蔗等。波斯湾两岸的绿洲中，还生长着世界上最大的枣椰林。随着工业的发展，需水量与日俱增，为了解决缺水的问题，除了将水源置于严格的控制之下，还在红海岸的瓦季城，修建有海水淡化厂，每天可提供淡水6.5万加仑（折合29.5万升)。波斯湾畔的达兰港，也修建了一座巨大的海水淡化厂，原计划每天可提供淡水75万加仑（合340.9万升)。

中亚和我国西北干旱区的内陆盆地荒漠具有不同于世界亚热带荒漠的独特优越性，即水资源相对较多，没有形成像沙特阿拉伯等国那样无水流的地区。中亚和我国西北干旱区位于北半球中纬度地带，盛行西风环流，西风气流来自大西洋，沿途得到地中海、黑海、里海等巨大水体上升水汽的补充，西来湿润气流进入本区，受山地抬升形成较多降水。山区多年平均降水量600～1500毫米，平原地区多年平均降水量约200毫米，盆地内部年降水量约100毫米。因此，有许多河流注入沙漠或湖泊。诸如阿姆河、锡尔河、伊犁河、塔里木河等。这些河流水源丰沛，两岸谷地蕴含着水质优良、水量充足的地下水，有的地方泉水溢出，形成许多零星的小湖。在这些水资源比较丰富的地方，分布着片片绿洲，绿洲之上分布有固定的居民点，成为世界绿洲中具有代表性的类型。那里的农业由于依靠高山冰雪融水和山地降雨，人工可以控制灌溉，较少发生旱灾。

伊犁河

而著名的北非撒哈拉沙漠、西南亚沙特阿拉伯沙漠和中美荒漠都没有高山冰雪水源，那些地方能利用的水资源只有地下水，即潜水和古老地层中埋藏的“古封存水”，水量有限。而且“古封存水”并不是可再生的水资源，用完了就再也得不到补充。

绿洲与山脉

中国西北干旱区的周边和内部矗立着许多超过当地雪线高度的山系。东部主要是祁连山和贺兰山，西部是山势高峻的天山、阿尔泰山、喀喇昆仑山、昆仑山、阿尔金山等。这些山地截获了大量由高空西风（阿尔泰山、天山、喀喇昆仑山、昆仑山和祁连山）和东南季风（祁连山东端和贺兰山）带来的水汽，使山区降水量增大，形成荒漠中之“湿岛”，由山顶到山麓再现了从极地冰雪带到暖温带的多种自然地理景观。最大降水高度一般出现在中山带。以天山为例，北坡最大降水带为海拔 2000 ~ 2500 米，最大降水量为 600 ~ 800 毫米；在南坡最大降水带高度比北坡高 500 米左右，最大降水比北坡少 1/2 以上。天山西部年降水量最高可达 900 毫米，伊犁谷地个别迎风坡更可达到 1000 毫米以上。山地如此多的降水，加上高山之巅发育着大面积的冰川和永久积雪，成为西北干旱区巨大的“山地水库”。每当夏季来临，高山冰雪融化，水流顺坡而下，部分下渗形成地下水，部

祁连山

昆仑山

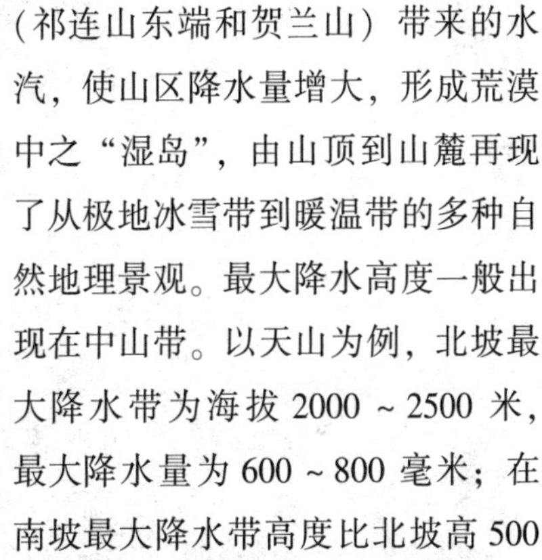

阿尔泰山

分夹带泥沙石块，形成地表径流，同时也造成了山前戈壁滩、冲积扇、洪积冲积平原等地貌形态。在洪积、冲积扇下部的泉水溢出带和河流沿岸，人们引水灌溉，开辟田园，植树造林，修筑道路，建设村庄与城镇，于是便造就了灌溉农业和绿洲文化。

在我国干旱荒漠区的东南和西北边缘地带，还有外流河通过。它们是河套平原的黄河和阿勒泰地区的额尔齐斯河，年径流量分别高达310.6亿立方米（青铜峡）和107.4亿立方米（布尔津等），孕育了外流型绿洲。

高山冰川

内流型绿洲大多分布在高大山系之侧。这些高山地区都发育着山岳冰川，雪线高度一般在4050～6200米，由于受到降水、温度、山势及纬度的影响，有些山地的雪线可低到海拔3000米（阿尔泰山）。不超过雪线的高山，虽有高山降水，但不发育永久性冰川。高山冰雪的消融量是绿洲生态系统丰富而稳定的补给水源，这点可由山顶冰川发育与山麓绿洲分布的密切关系说明。例如河西走廊的武威、张掖、酒泉、玉门、敦煌等绿洲与祁连山冰川相依存，南疆的若羌、且末、民丰、于田、和田、叶城、喀什等绿洲与昆仑山、喀喇昆仑山冰川相联系。天山南北麓绿洲则依赖于天山冰川。从大范围看，新疆阿尔泰山、天山、昆仑山有冰川7346条，冰川面积10416平方千米，冰川储水量为2433亿立方米；祁连山有冰川3306条，冰川面积2063平方千米，冰水储量330亿立方米。新疆冰水储量是祁连山的7.4倍，而绿洲灌溉面积为河西走廊绿洲灌溉面积的5.5倍。可见冰水储量大的地区绿洲的数量与面积也大，高山冰川不仅决定绿洲的分布，同时也影响着绿洲的大小与数量。

山脉高度与绿洲的分布

关于山脉高度与绿洲分布的相互关系，分下面几种情况：

（1）若山脉高大，降水较多，冰川发育且面积广，则雨水、冰雪融水补给量大，河流多、径流量大，于是山前绿洲多而且面积大。如天山两段的哈尔克山、依连哈比尔尕山，山体高大，冰川多且面积大，降雨量也多（汗腾格里峰西北坡和依连哈比尔尕山西坡的高山区约1000毫米），雨水和冰雪融水对河流的补给量大，河网密、径流量大。比较大的河流向南流入塔里木盆地的有阿克苏河、渭干河、库车河等。这几条大河年径流量都在30亿立方米以上，它们在山前倾斜平原上形成的著名绿洲有阿克苏、拜城、库车等；向北流入准噶尔盆地的大河有奎屯河、玛纳斯河等，形成的较大绿洲有奎屯、沙湾、石河子；向西流入中亚的有伊犁河，注入巴尔喀什湖的地表径流量达129.5亿立方米，在我国形成著名的伊犁绿洲。

阿克苏

石河子

库　车

(2) 若山脉高度不大，冰川不发育、分布面积小，降雨量一般也少，则冰雪融水及雨水补给量小，于是山前绿洲少、面积小，如天山东段和昆仑山中段缺乏冰川积雪，融水补给量小，河流稀少、短小，径流量仅有1亿~10亿立方米，若羌河还不到1亿立方米，因而形成的绿洲一般都很小。比较重要的绿洲有吐鲁番、哈密、奇台、民丰、且末、若羌等。

吐鲁番

(3) 若山势较低，无冰川分布，降雨也少，无常年流水河流，则山前倾斜平原无绿洲。如觉罗塔格、库鲁克塔格、马鬃山、走廊北山、贺兰山和阿尔金山等。这些山脉因海拔高度较低，一般都在3000米以下，它拦截空气中的水汽很少，为典型的干燥剥蚀中山和低山，无冰川发育，无常年性河流，所以在山前倾斜平原上没有形成绿洲，而是多景象荒凉的砾漠和岩漠。在地势低平的盆地中央和阿拉善高原上，降雨稀少，又无冰雪融水，所以沙漠和戈壁广布。

绿洲的空间结构

绿洲是依水存在的，干旱沙漠、戈壁环抱下的自然地理实体。自从有了人类，人类就在绿洲中生存、从事劳作和多种多样的社会经济活动，并不断改造它，以适应自己的需求。干旱区的沙漠化就围绕着人类改造绿洲的过程，我们可以叫它“绿洲化”。在扩大绿洲面积的同时，过度的经济干扰对绿洲生态系统的影响超过了它的承受能力的结果，使土地沙漠化的过程在争夺中进行。最普遍的是不顾水源的承载能力而盲目地扩大绿洲，以及为了自身的生存而砍伐周围植被、樵采经济植物资源。

作为一个开放系统，绿洲受外部环境条件的制约，其中水源及水源区环境（山地系统）和沙漠、戈壁（平原荒漠系统）的影响最大。这就是说，

绿洲系统必须依赖于山地系统与平原荒漠系统，要以山地系统为依托，以平原荒漠系统为屏障和后备基地。反之，绿洲也通过河流将上游山区和中下游盆地连结成为一个流域系统，起着干旱区山地系统和平原荒漠系统中物质、能量相互转化的枢纽作用，特别是绿洲系统中有人类活动这个最积极的主宰因素。因此绿洲系统的发展演变，直接影响到山地系统和平原荒漠系统的运行量，有时甚至起着决定性的作用。一般说来，绿洲系统的空间结构应包括以下几个相辅相成的组成部分：

（1）径流形成区。即高山积雪带与山地水源林区。像天山、昆仑山、祁连山等山脉雪线以上的地带，终年积雪，冰川发育，可为山下各绿洲提供充足的水源。古人曾誉祁连山为“甘人养命之源”。

（2）径流流通区。即内陆河上游所流经的山谷、山前戈壁与冲积、洪积扇的上部，有来自高山积雪带的地表径流经过和地下水渗漏，顺坡势而下，汇聚山麓平原和沙漠地带。

（3）绿洲形成区。即山麓冲积扇、洪积冲积平原上，利用地表、地下水源，发展灌溉农业所形成的绿洲本体。这里是绿洲自然生态系统的精华。

（4）外围区。即绿洲外围的半荒漠和荒漠地区，它们与绿洲有着唇齿相依的关系。绿洲外围天然植被的衰败，会降低绿洲抗御风沙的能力。如甘肃敦煌县原有天然灌木林 39 万亩，随着人口的迅速增长，燃料问题日益突出，只好进入绿洲外围沙区打柴，每年破坏天然柴湾 1 万亩左右，现在仅保存 9 万多亩。绿洲外围植被破坏造成的环境恶果相当严重，20 世纪 70 年代 8 级以上大风比 60 年代增加了 5.6 天，沙暴日增加了 3.4 天。类似的事例，在其他绿洲也时有发生。

由于水循环及其状态的变化，使以上各个组成部分互相联系、互相制约、互相依存，形成一个统一的自然综合体。以新疆库车绿洲为例，北部是以天山山脉为主体的高山积雪和中山水源林草甸区，海拔高度 2500 ~ 4590 米，总面积为 1595 平方千米，其中冰川、积雪面积达 28.4 平方千米，年平均降水量为 467 毫米，此即绿洲水源形成区。高山区以南为裸岩低山戈壁带，海拔高度 1000 ~ 2500 米，面积 9372 平方千米。这里气候干旱，年平均降水量仅 144 毫米，植被稀疏，土层浅薄，岩石裸露，山前戈壁发育，地表径流与地下潜流相互转化，为绿洲水源流通区。中部冲积平原，乌鲁木齐——喀什公路以南，平均海拔高度961米，面积219平方千米，即绿洲形成区。这里地势平坦，河渠成网，道路纵横，阡陌相连，是有名的粮、棉、瓜果之乡。古代这里曾是龟兹（qiū cí）国的所在地，“丝绸之路”上的一颗明珠，而今更是南疆重要的农业生产基地和交通要塞。库车灌溉农业区的外围，包括东部稀疏植被荒漠区和南部胡杨林灌草丛地区（后者可视为天然绿洲），这里以畜牧业为主，灌溉农业在有水源的地方依稀可见。

西北绿洲地貌类型

在干旱地区没有富水的山区，就没有盆地中的绿洲，这是无可置疑的。然而，山地水源或降水的空间分布并不完全控制绿洲的格局。绿洲存在与否，直接与地表径流和地下潜流相关。凡水流所到之处，林木成荫，村舍稠密，生机盎然；流水不到之处，则一片沙碛，荒无人烟。或者说，地表水流形成的堆积物是绿洲发育的基本物质条件，其地貌形态主要是山麓洪积扇与冲积平原，在我国西北干旱区一般分布于海拔500～2200米之间。这种地貌条件有利于冰雪融水的下渗、流动及储存，使各绿洲都有面积较大的承压水和潜水，有的潜水出露地面，形成了一些沼泽地和芦苇滩。由于各种地貌类型及部位水土条件的不同，我们以地貌形态成因类型为指标，将西北干旱区的绿洲划分为以下3类：

（1）扇形地绿洲。当河流或季节性洪流从山谷出口流出，进入开阔荒漠区，河床坡度骤减，河水流速变缓，水流分散并不断向下渗漏，挟带的大量碎屑物质在出山口处发生堆积，形成平面上呈扇形的洪积扇或冲积扇。洪积物以沙砾石为主，自扇顶至扇缘由粗而细。一般洪积扇上部坡度大，地表切割较深，有洪流细沟或冲沟，组成物质以砾石粗沙为主，加之地表水大量下渗转化为地下水，故水土条件较差，洪积扇中部地面坡度变小，堆积物变细，以沙壤土为主，下部及扇缘坡度更缓，地势微倾，为轻壤、中壤土，甚至变细为重壤和黏土，同时有地下水顺扇缘溢出，成为地下水散流带。除扇形地上部因砾石粗沙少有植物生长外，其余部位乃至散流带皆见植被，以土质、径流、地下水状况依次分布各类植物。扇形地

中、下部土质和水分条件最为优越，多是老绿洲所在。这里水源丰富且有保证，土层深厚，土地肥沃；地下水埋藏适中，地下径流通畅，水质良好，基本上无土壤次生盐渍化的威胁。我国西北地区这类绿洲一般距河流出山口处不远，在昆仑山北麓、天山南北与祁连山下分布最广。如甘肃河西走廊地区的武威、张掖、酒泉、玉门和敦煌，新疆喀什、和田、阿克苏、库尔勒、玛纳斯和乌鲁木齐等绿洲，均属此种类型。在新疆，扇形地绿洲城镇占全疆绿洲城市的51.8%以上，是绿洲型城镇形成发展的主要地方。

扇形地绿洲大多数开发历史悠久，其中规模大且区位条件好的绿洲，至今仍是干旱区重要的政治、经济、文化中心和工农业生产基地。

（2）冲积平原绿洲。分布在水量较大的大、中型内陆河两岸的阶地上、平面上，一般呈长条状。这些大河上游多为下切河道，至中下游地面坡度变小，水流随之变缓，沉积作用使河床淤高，以至叉道歧出，摆移不定，改造着河流两岸的荒漠。洪水季节，泛滥沉积作用加剧，淤为河漫滩地，历经反复河流泛滥冲淤，遂成大河冲积平原，成为古老绿洲的主要分布地区之一。如河西走廊黑河沿岸的临泽、高台绿洲，疏勒河沿岸的安西绿洲和南疆塔里木河沿岸的绿洲等，均属此种类型。在新疆，冲积平原绿洲型城镇占全疆绿洲型城镇的41%以上。冲积平原绿洲具有地形平坦、土层深厚肥沃、水源便利、宜于垦殖及有利于村镇建设的特点，但某些位于低阶地及河漫滩的城镇，应注意防治洪水及泥石流危害。同时，也由于平坦的地形，以河流冲积为主的组成物质质地黏重，使大部分地区存在沼泽、盐渍和沙漠化危害。

（3）三角洲及湖积平原绿洲。三角洲平原绿洲，分布在大、中型内陆河尾间的湖滨三角洲或干三角洲地区，其形成方式及特点均与扇形地绿洲大同小异。这里地势平坦，引水方便，唯水源不稳定，易受河流改道和上游人类经济活动的影响。如甘肃河西走廊石羊河下游的民勤、昌宁绿洲，北大河下游的金塔绿洲，黑河下游的额济纳旗的古居延绿洲和支流摆浪河下游的骆驼城古绿洲，新疆孔雀河下游罗布泊西北的古楼兰绿洲，尼雅河下游古精绝绿洲，克里雅河下游古好弥绿洲等。这类绿洲由于水源不稳定和中上游农业大量发展，水源断绝，水质变差，大多沙漠化严重发展，多数已经废弃。湖积平原绿洲，位于大河尾闾的湖泊周围。荒漠地区水系主要为内流河，河流最终倾注于低洼地区，汇聚成内陆湖泊。河流在入湖之前，先于湖滨沉积成三角洲，随着湖泊发育历时长久，湖底不断积升，以致湖面淤平，河湖溢水又注入其他低洼之区形成新的湖泊。由此而成的绿洲，因湖岸地形平坦，湖相和河相地层由粉细沙物质组成，土层深厚，引水方便，宜于植物生长。但积水很容易形成沼泽或盐碱地，也是盐渍荒漠化严重发展的地区。如博斯腾湖、乌伦古湖、艾丁湖等沿岸绿洲，即属此类。

除上述绿洲成因类型外，一些山间盆地绿洲形成也各有特点，其中吐鲁番盆地绿洲形成过程最为奇特。当北天山雪水渗入盆地边缘戈壁形成地下径流，遭遇横亘于盆地中部火焰山的阻隔，积蓄为汹涌的地下泉水流溢出地面，或以高水位潜流进入盆地平原。凡泉流所至或潜水自溢处，皆成天然绿洲。

人与绿洲的发展或消亡的关系

西北绿洲的发展阶段

自然地理因素（冰川、地表水、地下水、地质地貌、气候等）的综合决定了绿洲的存在与分布，这些因素可统称为绿洲的发生因素。但绿洲进一步的发展与兴衰则受“人”这一因素所制约，人类的活动决定着绿洲的发展方向。天然绿洲是在无人工干预条件下，以水为主导因素塑造成的自然生态景观，随气候变异导致的河流水量剧变是绿洲兴衰的关键。随着人类社会的不断发展，生产活动的日趋频繁，使干旱区的绿洲发生了巨大变化，一些古代的天然绿洲逐渐得到改造，新的绿洲在人为作用下日益扩大。这种由人工经营和建设的生态系统，使之进入人工绿洲阶段。从此，绿洲

的演变除受控于自然条件外，已越来越受到人为因素的影响，人类活动常占据主导或决定的地位。我国西北干旱区绿洲的发展，大体经过了以下几个阶段。

（1）原始绿洲阶段。最初发育在自然条件严酷的荒漠地区的绿洲都是天然绿洲。人类在这些有水、有树、有草的地方开始聚居，遂形成一些原始部落。他们或渔猎，或耕种，有选择地适应绿洲、利用绿洲，成为影响绿洲的因素。根据考古资料，早在新石器时代随着原始农业的发展，绿洲地区就有人类居住并进行生产活动。这一时期的农业文化遗存，在我国西北干旱区的新疆、甘肃河西走廊和宁夏等地发现的越来越多。新疆绿洲地处中西交通要冲，东和中原，西和中亚、欧洲都有交往联系，民族迁徙与融合又比较频繁，因此受东、西两方面文化的影响，形成了自己特有的绿洲文明。在南、北疆，新石器时代以来的文化遗址分布很广。如哈密的七角井、三道岭；吐鲁番的阿斯塔那、雅尔湖、辛格尔；乌鲁木齐南郊的柴窝堡以及南山矿区的鱼儿沟、阿拉沟；塔里木盆地周边的且末、民丰、于田、皮山、疏附、巴楚、柯坪、阿克苏、库车；天山北麓的木垒、吉木萨尔、奇台以及伊犁河谷等均有发现。特别是在乌鲁木齐阿拉沟墓地、和静察乌乎沟口墓地、轮台群巴克墓地以及帕米香宝宝墓地，都发现了早期铁器。经测定，年代约在公元前10世纪至公元前7世纪末，比内地发现的铁器还早，且与彩陶、铜器同出一地，看来铁器已经在这里流行一段时间。塔里木盆地的农业发展甚早。经对孔雀河下游公共墓地出土的木质农具和小麦进行年代测定，已有4000多年的历史。上述文化遗存，基本代表着新疆原始社会以来的不同历史发展阶段。

在甘肃河西内陆流域，已发现的新石器遗址近20处，未经清理的零星新石器遗物分布点数以百计。它们分属于新石器晚期到青铜器时代文化。测定较早的时代为距今约5100~4000年，遗址分布在河流出山口附近的祁连山山前高扇面细土平原之内。这里近河靠水，汲取方便，且地势较高，无洪水之虞。同时土壤疏松易播，性状良好，运用石锄、石铲等农具进行播种，并就近渔猎或采集。在甘肃永昌县和民乐县发现的粟、小麦距今已有5000年。宁夏的暖泉遗址也有7000多年的历史。

从总体上看，在西汉以前，绿洲虽已有人类居住，但由于人口数量很少，产品直接从大自然取得，对绿洲景观影响不大，绿洲面貌仍处于自然状态，并依自然规律演化。这个时期的绿洲灌溉是一种不加人工控制的自流灌溉。对绿洲自然生态系统的影响和改造作用很有限。

（2）古绿洲阶段。从狩猎为主的原始农业到以灌溉为主的农业经济发展过程中，人类对绿洲的影响逐步增强。在我国甘肃河西地区和新疆南北，尤其丝绸之路的开通，促进了饮食、客店与商品交换的发展，出现了许多以进行商品交换为功能的城市或驿镇。这时绿洲农业除了给定居的人提供衣食之外，也提供了供交换的商品粮，绿洲经济已显示出一定的分化性，农业、手工业、商业和服务业分离。西汉开始移民屯垦，使原有农业向前推进了一步。在甘肃河西走廊、新疆等地大规模驻军屯戍、移民支边，“寓兵于农”。当时，西域36国（最多时有50多国）实际就是比较大的36个绿洲。其中龟兹国（包括现今的库车、沙雅、新和）是最大绿洲之一，有居民6970户，人口81300人，戍兵125000人。

公元前2世纪，吐鲁番盆地已经利用冲积扇边缘溢出的泉水从事农耕。公元前60年，我国内地人民已开始移居吐鲁番开垦屯耕。公元前48年，西汉开始在这里筑“高昌壁”，并设置官吏，管理屯戍事宜。据《汉书·西域传》记载：“高昌谷麦一岁两熟”，还生产葡萄、甜瓜、桃、杏、核桃、枣等，说明当时农业及园艺生产已相当发展，对绿洲的影响已经很大。从两汉到唐宋，吐鲁番盆地一直为我国西域重要屯田中心之一。2000多年前有1万人口的楼兰是一个不小的“城廓”国家，汉代将军率兵屯田，拦水修渠灌溉，形成了具有特色的绿洲农业生产系统。轮台、渠犁，“有灌田五千顷”。沙雅县东南考古发现汉代所修大型灌溉渠道长达百里。如此规模的灌溉农业对绿洲影响之巨大，是不言而喻的。

公元前111年，甘肃河西走廊地区先后建置了武威、酒泉、张掖、敦煌中心城市，号称“河西四郡”，并在主要交通线上开辟了灌溉农业区，建立了35个县。据《汉书·地理志》所载：“河西四郡有户六万一千余，(人）口二十八万余。”如果再加上屯田的士卒，估计整个河西有40万人左右。大量劳动力的进入，加上他们带来中原人民丰富的生产经验和灌溉

技术，大大地促进了河西绿洲的开发。西汉末年，中原大乱，河西却是一个相对安定的地区。大量农民逃亡这里，兴修水利，从事农桑，百姓安居乐业。隋唐之际，河西绿洲经济文化进入更加发展的时期。唐代开元、天宝年间，河西走廊成了一个农桑繁盛、士民殷富的区域。《资治通鉴》提到当时“天下称富庶者莫如陇右”。武则天时，“甘州土地肥沃，四十余屯”，“每年收获常不减二十余万（担）”。数年丰收粮食、布匹可供驻军数十年用。天宝八年（公元749年），唐王朝从河西收购了37.1万余石粮食，占当年全国总数的32%以上。由此可见河西绿洲灌溉农业发达的一斑。

汉唐以前，绿洲用水局限在农业灌溉和生活用水两个方面，规模不大，水资源呈现过剩状态，绿洲处在繁荣和发展阶段。尽管有的绿洲其古今位置不尽相同，但绝大部分古代绿洲被开发而成为现代大绿洲的一部分。因此，在汉唐以前，我国西北干旱区绿洲分布的基本格局已经奠定，为后来绿洲打下基础，并可作为绿洲兴衰演替的尺度和比较标准。基于上述分析，我们把古绿洲定义为汉唐时期形成或存在过的绿洲。

（3）老绿洲阶段。随着人口与耕地的增长，绿洲面积日益扩大，水资源由过剩逐步转入饱和，绿洲的发展也随着进入鼎盛阶段。

唐末安史之乱后，河西走廊沦为吐蕃、党项族争夺之地。由于这些民族主要从事畜牧业，不重视农业加之战争的破坏，绿洲经济已失去了隋唐之盛况。元代“河西之地，自唐中叶以后，一沦异域，顿化为龙荒沙漠之区，无复昔之殷富繁华矣”。元朝起源于蒙古游牧民族，在统一全国之后，才逐渐重视农业生产。特别是成吉思汗西征造成民族大迁徙，使许多西亚人、中亚人甚至欧洲人进入西北干旱区绿洲戍边和屯垦。绿洲则成为远征军军粮、军马、军饷的筹集基地，农田用水和人畜用水大量增加。由于蒙元贵族随意侵夺农田，掠夺粮食，致使河西走廊一带的绿洲经济一直处于不景气的状态。

明朝平定全国后，划嘉峪关而治。为抵御退回草原的蒙古势力，洪武初年，即大规模的移民戍边，曾将北平、山西、山东一带的数十万居民迁移到西北甘、宁及河西一带屯田生产。永乐、万历年间，也曾移民到甘

（今张掖）、凉（今武威）一带屯垦。据统计，公元1488~1505年，凉州等十二卫有正式屯田军队7万余人，屯田面积最高时达2.6余顷。清统一全国后，采取措施恢复河西的经济。清王朝初年曾大量召民到河西屯种，如雍正年间，一次就召民2400余户去敦煌屯垦。同时，还实行了诸如改凉州戍军为屯丁，把明藩王的土地归民户经营，以及免除钱粮，兴修水利等措施，使河西更加繁荣起来了。据旧县志载，清雍正三年武威已有耕地12225多顷。这一数量比现有数量152万亩，只差30万亩。可见在200多年前武威绿洲土地开垦的规模已是相当可观。因而有“兵食恒足，战守多利，斗粟尺布，人不病饥”之誉。所谓“金张掖，银武威”的传说，也就从那时起一直流传到今天。

但是，绿洲的盲目发展所积累的矛盾也越来越大，预示着绿洲退缩，荒漠化发展时期的来到。

到1949年，武威绿洲所在的石羊河流域，已经形成了4个相对稳定的灌溉体系。当时，全流域有效灌溉面积为200万亩，保灌面积有58万亩，达到了历史最高水平。加上长期以来对上游祁连山区植被的破坏，减低了涵养水源的能力，使绿洲南北用水矛盾日益加剧。北部民勤绿洲因地面水源不足，昔日“水族孳生，泽梁沮而多鱼”的湖泊和水足土沃的景象已成为历史。清代初年，民勤县与武威县为解决石羊河中、下游用水的矛盾，就发生多次争讼案件，因而在《镇番（即民勤）县志》中，特编“水案”一章，至今仍可查到官方文献规定民勤与武威用水比例的旧制。

（4）新绿洲阶段。新中国成立以后，西北地区工业、农业、商业、国防建设、交通建设、文教卫生百业俱兴。随着东部支援边疆建设人口的移入，尤其是商品粮基地建设和农田水利化措施，用水类型和规模有了突飞猛进的增长，绿洲水土资源的开发强度和广度远远超过了历史上的任何时代。经过20世纪50年代以来大规模的开发建设，1988年与1949年相比，新疆人口增长3倍以上，绿洲耕地规模增加了2倍多；同期河西走廊人口增加1.5倍，耕地增加1倍以上；柴达木盆地增长幅度更大。

绿洲环境的恶化

绿洲的扩大一般是与人口的增长成正比关系。生活和灌溉用水的增长，兴修水利是建设新绿洲的前提。人工绿洲的建立，使环境明显改善，经济效益和生态效益在这里获得了有机的统一，带来了绿洲短时间的繁荣与发展，但是如果水资源利用不合理，绿洲的发展到了极限阶段，改善的环境还可能再度恶化，成为寸草不生的荒野。

在发展绿洲经济的时候，由于人们对干旱区水资源的特点和运行规律认识不足，忽视利用规模必须与水资源的承载能力相适应的道理，任意改变水系，过度利用水源，尤其是上游无节制的开采地表水源，使下游水源枯竭，出现了一系列相当严重的区域环境恶化。

（1）人为地改变水系布局，水资源向上中游集中，下游水源断绝，湖泊萎缩干涸。

例如，甘肃省河西走廊地区发源于祁连山的石羊河、黑河和疏勒河三大内陆水系在出山口大多修建了调蓄水库，河水被中上游控制，下游河床断流，形成新的人工水系格局。黑河流域已建成百万立方米以上的水库30座，拦截了大量河水，致使河流尾闾湖东西居延海干涸；疏勒河支流的党河，因敦煌城附近水库的修建，使下游早已断流，终端湖泊哈拉诺尔完全干涸；石羊河流域建成中小型水库21座，截断了下游水源，尾闾的青土湖、月亭湖不仅消失，而且为流沙埋没。再以南疆塔里木河为例，最早注入罗布泊，上游筑库拦截、任意扒口利用，20世纪50年代退缩到只能注入台特马湖，80年代就只能以人工水库大西海子为终端了。

（2）天然绿洲衰退，出现了土地沙漠化和土壤盐渍化过程。

地表水不能满足灌溉需要，甚至断绝时，人们不得不转而挖掘地下水。大量开采地下水的结果使绿洲水资源的消耗远大于收入，地下水位开始下降，水分条件的改变动摇了绿洲存在的基础，生态环境出现严重的衰退。植被退化以致消失，土地沙漠化过程开始。所以土地沙漠化是从河流下游绿洲开始的，逐渐向中上游发展。

我国西北干旱区以盆地地形为主，低洼闭塞，径流不畅，蒸发强烈，上游各种灌溉工程的修建，便利了用水，大水漫灌和过量灌溉（个别地方灌水量高达每亩每一次灌600～1000立方米水），排水系统不完善，水利工程设施不配套，引起地下水位抬高到强烈蒸发的深度，土壤盐分随着水分蒸发向表层集中，出现土壤次生盐渍化。土壤盐分的积累还因为引用盐化水灌溉和水源经过人工水库的强烈蒸发，盐分浓缩，以及上游灌溉洗盐的高盐分水掺入下游灌溉水中，使灌溉水本身的盐分含量增高。

(3) 人工绿洲逆变，大面积弃耕撂荒。

在干旱、多风，具有土地沙漠化的因素下，耕地一旦弃耕撂荒就意味着荒漠化过程的开始。根据资料，贺兰山、乌稍岭以西的干旱内陆区，每年沙漠化面积421平方千米，其中10%是外围沙丘移动掩埋造成的，90%是新绿洲建设对资源开发利用不当造成的。

环境退化造成严重社会经济问题。由于地表淡水减少，地下水质恶化，民勤湖区的人畜饮水严重短缺，一度出现了人口流动。长期饮用咸水严重影响人民群众的身体健康和生产发展，牲畜普遍个小体瘦，脱毛无膘，影响使役。大量打井和井渠改造，增加了生产成本，影响了农民收入的增长，出现了“高产穷乡”（农业增产的同时，成本增加更高，使之入不敷出）。

但是，也不能说干旱区绿洲发展已经进入不能再继续发展的“顶极”阶段。拿水资源的利用来说，目前，河西走廊水资源的总量净利用率为55%还多，高于世界干旱地区平均利用率。但是，如果与全面采取现代灌溉技术，水利用率高的国家（例如以色列国）相比，还有很大地差别。根据研究结果，即便就现在技术条件下，包括重复利用在内的远景总水资源利用率可望达到67%，远景利用净水量为46.2亿立方米，远景灌溉面积可达到1042万～1126万亩。

沙漠历来被看做是生命的禁区，黄尘滚滚，飞沙走石，满目凄凉，一片死寂，还常常起风带沙，肆虐人类的田野和村落。这样的不毛之地难道于人有利吗？沙漠其实并非生命绝迹之处，也有片片绿洲点缀其中。

由于气候干旱，日照丰沛，只要有水，农作物和瓜果生长极为茂盛。

世界上最甜最好的瓜大多产在沙漠。美国加利福尼亚沙漠和以色列内格夫产的甜瓜是世界上最甜的。

沙漠又是蕴藏着丰富矿产的宝地。世界上主要油井几乎都在沙漠之中，中东的石油闻名于世，撒哈拉也有不少油田，我国的塔克拉玛干也是一个大油田。

沙漠是培育藻类的理想之地。在人口剧增的今天，粮食紧缺、耕地匮乏的态势日趋严峻，藻类已被许多国家列为未来食品进行研究开发。日本科学家在科威特沙漠成功地做了实验，仅用了 2 个普通游泳池大小的培育池，在半年中竟生产了 37 吨蓝藻，并用这些蓝藻提炼液制成调味剂，生产富有营养的饮料、面包和饼干，将残渣以一定的比例掺入饲料，喂养瘦肉型猪和产蛋鸡，取得了很好的效益。日本科学家作了一个估算，从目前沙漠中对蓝藻的培育来看，按世界人口 50 亿计，需要占用 20 万平方千米的沙漠。而全球沙漠面积为 3140 万平方千米，占地球陆地面积的 1/5 强。这些沙漠至今大多还是不毛之地，原因在于缺乏淡水灌溉。若能发现足够沙漠之用的淡水，或是研究出海水能灌溉生长的作物，那么沙漠就会变成绿洲。

在人满为患的今天，正确认识沙漠、利用开发沙漠是摆在全人类面前的一个重大课题。钱学森早就提出了发展沙产业的重要性。20 年来，我国在固沙造林、改造沙漠的沙产业上取得了重大的成绩，这一产业在 21 世纪会有更大地进展。

干渴的土地

被侵蚀的土地

纵观我们生活的这个世界，耕作或过度放牧使得一片片土地被侵蚀、沙化、盐碱化、污染或过度积水（水渍化）。而这种伤害直至今日仍肆无忌惮地存在着，因为大部分的土地剥蚀是看不到的，所以它所造成的威胁常会被低估。另一方面，从3800年前西河流域的苏美尔文明到第9世纪美洲的玛雅文明的衰落，部分原因就在于优质农田的消失，因此可以完全证明健康的土地何等重要。

玛雅文明

一般称之为“表土”的这一层薄薄土壤，对土地的生产力非常重要。通常表土大约只有15厘米的厚度，是一个肥沃的培养基，它蕴藏着有机物、矿物、营养昆虫、微生物、寄生虫和其他必需元素，以提供植物一个营养的生长环境。侵蚀或剥蚀都会使这种土壤环境流失或分裂，而损害土地长期的生产力。

有关全球土地剥蚀程度和损害生产力的资料，虽不完整却也令人忧心。联合国研究估计，从第二次世界大战开始，由于农地使用不当，使得5.52亿公顷的土地——相当于今日全球农地面积的38%——遭受到某种程度的伤害，而且这份报告可能还低估了损害的范围（见下表）。1994年一份对南亚的研究指出，根据当地较早研究所估计的土壤损害情形，比联合国的研究资料还要多出10%左右。

各地区农业土地剥蚀率（1945～1990年）

地区（洲）	剥蚀率%	地区（洲）	剥蚀率%
澳洲	16	南美洲	45
欧洲	25	非洲	65
北美洲	26	中美洲	74
亚洲	38		

剥蚀作用最糟的情况，则是实际使土地失去生产力。在联合国的报告中，被形容为“严重剥蚀”和“极度剥蚀”的土壤，占全世界已受损农地的15%以上。这样的农地不是无法恢复，而是需要较多的工程作业（如使山坡地变成梯田），以恢复它们的生产力，这样的流失面积约为8600万公顷，几乎是加拿大可耕地的2倍多。如果它能够以20世纪90年代的平均产量来种植粮食的话，将可养活7.75亿人。在一个粮食供应日益吃紧的时代里，土地生产力的丧失无疑是雪上加霜，然而，剧烈的剥蚀作用使土地失去生产力的情况至今依然存在，甚至可能还更加恶化：在1945～1990年间，土地每年平均流失量只略低于200万公顷，而许多资料显示，今日土地流失量每年为500万～1000万公顷。

另一方面，虽然土地肥沃已大不如前，但大部分遭受剥蚀的土地仍在耕种。由于剥蚀造成的生产力损失，并无全球统计资料，只有一些采用联合国研究报告中粗略的估计，每种剥蚀种类可能造成的生产力损失资料，应可估计出产量下降的情形。根据这种估算方法显示，1991年，轻度与中度剥蚀的土地产量比未被剥蚀时，减少10%，若再加上严重剥蚀及极度剥蚀的土地（目前已无生产力），则损失的产量将高达18%以上。

侵蚀是最常见的土壤剥蚀形式（根据联合国的资料，占剥蚀面积的84%），它破坏了好不容易才形成的优良土壤。基本上，1公顷的土地每年仅能累积几厘米厚的新土壤，净侵蚀值——等于1公顷土地的土壤流失数量减去由另一块1公顷土地所冲积成或风吹堆积的土壤量——是不太容易计算的，但总侵蚀比率一定会比新增土壤比率高出许多倍。根据资料报道，在许多发展中国家山坡地被分割为个别用地，所以每年每公顷损失超过100吨新土壤是司空见惯的事。

土地侵蚀和贫穷两者是一种恶性循环：侵蚀通常肇因于贫穷与人口拥挤，而贫穷和拥挤又往往是土地侵蚀后的结果。1991年针对土地剥蚀所作的研究报告指出，无限制地放牧、砍伐森林、错误的农耕以及过度砍伐柴薪这些大部分穷人所从事的活动，使全世界的土壤有70%受到伤害。回过头来看，这些问题和土地分配无不有相当关联。

1989年时全球有11%的农地被认定为“严重受侵蚀”。

人口拥挤

长久以来，世界上大部分最好的山谷地，都已被开发用作农业或其他用途，致使愈来愈多的贫农被逼退到山坡地。而山坡地在地形学上是一种相当脆弱的生态结构，因为它非常容易受到侵蚀。大约有1.6亿公顷的山坡地——占世界农耕地的11%——在1989年时，被认定为“严重受侵蚀”。这包括义索匹亚高地、安第斯山、中国的黄土高原和青藏高原、中美洲的中央高地等，随着人口的增加，山坡地所受的威胁也随之提高。在菲律宾，1969年时，高地耕作占总耕地面积的比率还在10%以下，而到1987年则增加到30%以上。

另一种会增加土地压力的边际农地，则是取自热带森林的农耕地。热带土壤不够肥沃，只有在经过20～25年的长期休耕后，才能再度耕种。一旦土地压力提高，农民则被迫提前让休耕的土地恢复生产力。在非洲和东南亚的

热带地区，休耕期以往动辄以数十年来计算，而现在却仅休耕几年，根本来不及恢复原有的生产力。

边际土地所承受的压力程度，很难量化估计，但有一些已完成的估算资料。1989年的一份研究估计，有3.7亿的一级贫民居住在“低潜力”的农村地区。另一份研究则指出，全世界有3亿人口从事游耕，因为他们要看休耕是否充足，才能进行耕作。“低潜力”的地区和从事游耕的人口都承受人口的压力，而这又可能加速土地的剥蚀。

另一种土地剥蚀是盐碱化，它所影响的区域范围较小，但是因为它通常都是破坏灌溉土地——即生产力最丰富的土地，所以盐碱化有着和它所损害面积非常不成比例的杀伤力。1995年一份以80年代的资料调查报告估计，全球20%的灌溉用地都面临这样的困境。因为缺乏资金去稀释灌溉用地的盐分和碱分，所以恶劣的盐碱化作用足以每年使150万~250万公顷的农地变得毫无生产力。而那些已经盐碱化的土地，却仍继续维持耕作，但其生产力通常都很低，这种情形和古代苏美尔文明的遭遇一模一样。例如，在中亚一些国家里，盐碱化作用被认为是导致棉花减产的主因：因为在20世纪70年代末期，每公顷可生产2.8吨棉花的土地，到了20世纪80年代末期，即使增加肥料的用量，顶多只能生产2.3吨的棉花。

纵然采用世界上某些地区较为保守的资料，土地的损害，尤其是侵蚀作用造成的损害，仍是所有地区共同的严重问题，如果最恶劣的剥蚀情形——亦即导致放弃农地——以1945~1990年的速度持续下去的话，那么，在2020年时，将会有4700万公顷左右的土地受损，同时，大部分这些已被损坏的农地产量则会持续下降。如此重大的损失，在往昔那个不太拥挤的世界里可以应付，但到今天着实令人难以承受。

非洲大旱灾

非洲大陆是一片古老的热土，它以气候的干热性而闻名于世。这里的大部分国家位于南北回归线之间，常常置于热带气温的控制下。这种特定的地理位置，使整个非洲1/3的地区年平均降雨量不足200毫米，干旱气候区面积居世界七大洲之首，素有“干渴的大陆”之称。

20世纪以来，世界上这个最为贫穷的地区时常遭到自然灾害的无情摧残，连年灾情不断，尤其是旱灾愈演愈烈。

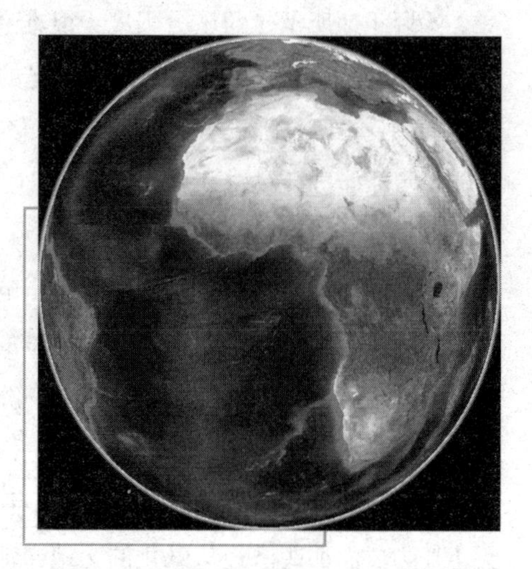
非洲大陆

1968～1974年非洲撒哈拉沙漠以南的萨赫勒地区发生连续5年的大旱，大旱灾引起大饥荒，造成20多万人及数以百万计的牲畜死亡。在此期间，有的年份几乎滴雨不下，致使田地龟裂，草木枯萎，河井干涸，大地生烟，哀鸿遍野，民不聊生，引起国际上第一次下决心努力防治荒漠化。非洲的干旱并不止出现在非洲，至少从撒哈拉经南欧——中亚，到我国中东部广大区域都出现了持续干旱。这次干旱从太平洋沿岸开始向西和南蔓延，1959～1960年我国发生以旱灾为主的3年自然灾害；20世纪60年代初期中亚发生黑风暴；南欧的干旱出现在1963年，非洲的大旱则出现在1968～1974年。如果把这些现象联系起来，似有以干旱为主的气候灾害在亚欧非大陆从东向西发展的迹象。

此后，灾连祸结，非洲大陆几乎每年都有旱情发生。进入80年代，干旱更为猖獗。1982～1984年又连续3年大旱，遂酿成了近代非洲史上百年不遇的特大旱灾。这场灾难始于西非大旱，旋即蔓延到位于撒哈拉大沙漠西南部的地区以及非洲东部和南部地区，形成了全洲性大旱灾。对生活在水深火热之中的非洲人民来说，犹如雪上加霜，陷入了更为深重的苦难。这场大旱灾波及24个国家和占非洲大陆40%的人口。在旱魔肆虐下，50多万非洲人被夺去了生命，600万人流离失所，被迫外出逃荒谋生，2亿居民挣扎在饥饿的死亡线上……

当时的报纸和电视台对非洲遭受酷旱的情况作了详细报道，那一幅幅触

目惊心的画面，令人悲伤而落泪！昔日生长着嫩绿禾苗的田地，如今已全部龟裂，像鳄鱼张大嘴巴要把人们吞噬那样恐怖；昔日涓涓细流，现在已经枯竭，干涸的河床铺上了一层水中动物的干尸；骨瘦如柴的人群在垂危中挣扎；浑身打颤的牲畜随时都会倒毙；孩子们饥渴难忍的表情、垂危老人绝望的眼神、憔悴妇女低沉的悲泣、萎靡男人的无奈哀叹……构成了一出催人泪下的活悲剧。

埃及的尼罗河是一条美丽的河流，往年流水湍湍，支流纵横，灌溉农田，滋润禾苗，哺育着两岸人民。但是，这些年，尼罗河支流早已干涸，水位落到了历史的最低点，致使埃及阿斯旺水坝的发电机停止了转动，电厂被迫暂时关闭。

非洲撒哈拉地区的佛得角、塞内加尔、冈比亚、毛里塔尼亚、马里、布基纳法索、尼日尔、乍得等8国工厂关闭、学校停学、商店关门，社会生活几乎陷于瘫痪。

在莱索托的一个灾民聚集地，到处可以见到阴森可怖的悲惨景象：嗷嗷待哺的婴儿拼命地吮吸母亲干瘪的乳房，成群结队的饥民拖着孱弱的身躯向救济站蹒跚而行，衣衫褴褛的灾民望眼欲穿地等待着救援食品的到来，不时地见到一具具骨瘦如柴的尸体被人抬走……

位于非洲东北部的埃塞俄比亚，是一个中部隆起，边缘低陷的高原国家。高原占全国面积的2/3，全国平均高度为海拔2500～3000米，有着“非洲屋脊”之称。东非大裂谷从东北到西南纵贯全境，宽100多千米，深2千米，把高原切成两半。北部、东北部和南部为沙漠和半沙漠地区，占全国面积的28%。境内河流、湖泊绝大部分发源于高原，穿行于悬崖峡谷之间，形成许多急流瀑布，流入邻国，因而又素有“东北非水塔”之誉。然而，就是这个被称为“非洲屋脊”和“东北非水塔”的埃塞俄比亚，在非洲24个重灾国中最为严重。其受害范围之广，影响之大是前所未有的。通常埃塞俄比亚全国年均降水量，高原为1000～1500毫米，低地和谷地为250～500毫米，而1984年埃塞俄比亚的降雨量减少了60%～100%。全国102个县中，除7个县未受灾外，其他都遭到了旱魔的袭击。全国14个省中，有一半省份被列为重灾区，湖泊干涸，河流断水，田地干裂，粮食生产受到严重影响。1984年，埃塞俄

比亚粮食减少了30%，约170万~200万吨，有900万人口沦为灾民。据当时在联合国任助理秘书长的库尔特·詹森说："9个月中埃塞俄比亚持续的干旱造成饥荒蔓延，因饥饿和疾病而死亡的人数与日俱增，已逾30万人。"在这场灾难中，埃塞俄比亚北部地区情况最为惨烈。这个地区原来就河网稀疏，长年缺雨，旱情不断。而且，多年来这个地区的一些省，如提格雷、贡德尔、活洛、绍河等水土流失严重，自然生态平衡遭到极大破坏，除了旱魃不断侵袭外，虫灾、霜灾、麦锈等灾害亦轮番降临，致使农业遭到了重大打击，粮食连年歉收，饥荒长期威胁着这里的人们。

莫桑比克位于非洲东南部海岸，地势西北高、东南低。西北高原、山地，占全国面积31%；中部高地位于高原外缘，占全境29%；东南部沿海平原，占全境40%。这里原来雨量充沛，年均降水量为500~1200毫米。然而，连续多年的特大旱灾，使莫桑比克到处出现叶枯苗萎、牛羊倒毙的凄惨景象。旱灾使这里的灾民增加到450万人以上，他们住在肮脏不堪、垃圾成堆、鼠害肆虐的贫民窟，得不到足够的粮食和清洁的水，极其艰难地忍受着饥饿和疾病的摧残，死亡时常威胁他们的生命。

安哥拉位于非洲南部西海岸，全国大部分地区是高原，平均海拔在1000米以上。太平洋沿岸是一带狭长的平原，海拔200米以下，地势东高西低。这里，全年分为2季，5~10月为旱季。原来，境内水源丰富，水流湍急，年降水量从北部高原的1500毫米逐渐往南减少至750毫米。但由于连年旱灾，使农业衰败，饥荒横行，大部分农作物因枯死而绝收。而且，国内两大党派之间兵戎相见，连年内战，天灾加人祸，使安哥拉经济行将崩溃，安全没有保障。在这种情况下，国际救援物资很难运到灾情严重的地区。那些衣不蔽体、食不果腹的灾民，不得不背井离乡，四处逃荒要饭。这些饥民为了寻求一线生存的希望，步履艰难地走在茫茫的荒野上，毫无目标地向前走，乞求上帝能够赐予他们一片绿洲，然而等着他们的只是饥饿、疾病和死亡。他们之中不少人骨瘦如柴，随时都有可能因力不能支而倒毙在逃荒的路上。沿途，大批的儿童、婴儿被饿死，他们的尸体有的被掩埋了，有的则被丢弃在路旁。凄惨之状，令人目不忍睹。

其他非洲国家也遭到了严重灾难。

莱索托的粮食产量减少了75%，造成粮食奇缺，饮水也发生了困难，灾民们在对饥饿的极度恐惧和绝望中度日。许多地区粮食储备也已告罄，有不少地方已把来年的种子当作口粮，市场上粮价猛涨，而且少得可怜，无法满足灾民的最低要求。

位于非洲南部的博茨瓦纳，地处南非高原中部的卡拉哈里沙漠，旱情尤为严重。它的西北部为奥卡万戈三角地沼泽地，东南部和弗朗西斯敦周围是丘陵，中部和西南部是卡拉哈里沙漠，平均海拔1000米左右，年平均降水量在正常年份为450毫米，连年的干旱，使降雨量极为稀少。平时，这个国家中的人口有75%从事畜牧业或半农半牧，粮食不能自给，每年约进口10万吨粮食。在这连年灾荒之时，粮食更为稀贵。旱魃使千百万人流离失所，逃荒要饭。

津巴布韦北部的长里巴大水库，昔日浩荡碧波，现今仅剩涓涓细流，存水量不足正常水量的1/5，河马、鳄鱼无处栖身觅食，只能坐以待毙。居民们饮水也发生了严重困难，不得不丢弃家园。

位于非洲东部的肯尼亚，赤道线横贯其中，东非大裂谷穿越中部和西部，把它分为两半。它的北部是沙漠地带，约占全国面积的56%。往常全国有3/4的土地缺水，这次旱灾使缺水状况更为严重，有数十万人由于饥饿挣扎在死亡线上。野外田地荒芜，市井一片萧条，到处笼罩着凄惨的气氛。许多饥渴交加的人们，为了糊口活命，只得拖着疲惫不堪的身子四处迁徙，备受煎熬之苦。

持续的干旱，使非洲的粮食产量迅猛下降。受灾国当年的粮食产量普遍比上年已经减产的数字又下降了50%。据统计，博茨瓦纳小麦产量下降了80%以上，莱索托下降75%以上，安哥拉下降了50%，东非的埃塞俄比亚和肯尼亚分别减少30~40%，而毛里塔尼亚的产量从常年的7万吨左右下降到1万吨左右，畜群死亡达1/3以上。持续的干旱，使非洲粮食年产量下降到4600万吨，每人每年平均只有92千克。联合国粮农组织曾对整个非洲的缺粮情况做过统计，1983~1984年度非洲缺粮总额比上年增加65%，共达530万吨左右。

这次大旱灾还直接造成了非洲近代史上的大惨案——非洲大饥荒。1985

年底，非洲21个国家发生粮荒，上百万人被饿死，大批牲畜倒毙。重灾区，赤地千里、白骨堆积，惨象不堪入目。旱灾给非洲农牧业以灾难性地打击，震惊全世界。

非洲严重旱灾发生后，各受灾国政府采取了各种应急措施组织抗旱救灾，拯救灾民于水深火热之中。

灾情最为严重的埃塞俄比亚政府，动员了一切力量进行抗灾自救。门格斯图主席亲自发起全国性的救灾运动。政府成立了全国紧急救济协调委员会，并在各级政府成立了救灾安置委员会。执政党政治局的领导人、政府各部的部长，深入灾区组织和指导救灾工作。在全国迅速建立起195个食品分配中心、25个收容所、200个救济站和40余个特别救济站。安哥拉也是受灾较为严重的国家之一。灾情发生后，总统多斯桑托斯亲自组织并建立救灾机构，并根据各地区受灾情况，制定和实施了救灾政策，虽未能从根本上解决饥饿问题，但基本上缓解了日益严重而难缠的难民问题。其他受灾严重的国家，也纷纷发动灾民抗灾自救，并紧急组织进口和运送粮食，以求渡过饥荒难关。同时，各国都纷纷压缩行政开支，拨出专门款项用于救济难民工作。

国际社会对非洲的灾情十分关切。联合国粮农组织曾呼吁国际社会在1983~1984年度提供320万吨粮食的援助。除了食品之外，还要求提供大量的药品、衣物、帐篷等物品。据统计，自大旱以来，至1985年，国际社会向非洲提供的粮食达上千万吨，还有大量的救灾物品，对缓解非洲的大饥荒起了相当大的作用。

非洲酷旱的情况，随着各种新闻传媒的传播，陆续传到世界各地。各国人民对此深表同情，纷纷慷慨援助，一场轰轰烈烈的“救救非洲饥民”的运动在全世界范围内迅速掀起。

“救救非洲饥民吧！”

“救救非洲饥民吧！”

在欧洲、美洲、亚洲、澳洲……在英国、荷兰、比利时、法国、美国、日本、中国……到处都可以听到这种善良的呼声。

在许多国家，援助非洲灾民已成了民间的自发活动，人们纷纷走上街头，为挣扎在死亡线上的非洲人民募捐。在非洲人民急需帮助之时，艺术家们义

演、农民们捐赠粮食、工人们捐赠钱款物品、学生们也纷纷省下零花钱……善良的人们义不容辞地走向募捐行列，形成了一幕幕生动感人的场面。

人类的思索

非洲大陆连续不断地出现严重旱灾，几乎形成十年九旱的悲惨局面。那么，何以造成这种惨状呢？人们在痛苦地、默默地思索着……

非洲大旱虽与它的地理位置不无关系，但究其根本，似乎有着更为深刻的历史渊源和更为复杂的现实原因。首先让我们追溯一下历史。非洲大陆遭受西方殖民主义统治长达5个世纪之久。殖民统治的结果，使非洲各国的人力和自然资源屡遭破坏，经济结构极端畸形，绝大多数国家依靠1~2种初级产品来维持生计，基本上没有自己的制造业，农业也是处于刀耕火种的原始落后的状态。

20世纪60年代以来，多数非洲国家先后独立，虽然掌握了国家的主权，但由于现存的不合理的国际经济秩序，卡住了非洲国家经济发展的脖子，经济落后状况无从根本解决。长期以来，贸易保护主义盛行，国际信贷条件苛刻，尤其是世界性的初级产品价格下跌，工业产品价格上涨，从而使富国更富，穷国更穷。另外，非洲各国的交通、教育、卫生等设施异常缺乏，文盲普遍占各国人口的90%以上。这种状况，使得多数非洲国家治理环境和抵御灾害的能力相当脆弱，无力面对连续不断发生的严重旱灾。

殖民主义数百年的奴役统治的又一个直接后果，就是使独立后的许多非洲国家在数十年中政策失误。这也是大旱不断发生、灾情十分严重的一个十分重要的原因。一些国家无视本国的实际情况，或大搞国有化，挫伤了生产者的积极性；或照搬西方模式，滋长了浓厚的依赖性。有的国家不顾国力，基础建设规模过大，背上了沉重的负担。特别是普遍不重视农业和粮食生产，对发展农业措施不力，因而无力抵御特大旱灾的侵袭。

非洲国家政策失误的另一个突出问题，是人口增长率超过了经济的增长率。据联合国有关部门统计，1950年非洲人口仅有2.2亿，到了1980年

人口增长到了4.3亿，30年中几乎增加1倍。人口迅速增长直接导致了非洲生态环境的严重破坏。非洲各国为了满足日益增长的人口吃饭的需要，只好多种粮食。而连年不断地耕种，使原有土地的休耕期越来越短，导致土地越来越贫瘠，粮食产量不断下降。另外，人口的增长对木材和燃料的需求也越来越大，因而对森林和植被的破坏亦愈加严重。据说，非洲每年约有350万公顷的森林被毁，占非洲大陆森林总面积的1.8%。

过度的种植，滥砍乱伐，再加随意的放牧，使土壤肥力日益减弱，蓄水能力大幅度降低，造成耕地表层不断受到冲刷和风蚀，发生土地荒漠化。在严重缺雨的季节，土地中保存的水分在烈日之下很快蒸发，农作物得不到生长需要的水分而大量枯黄而死。由于正常的生态循环的破坏，形成了恶性的自然环境——气候严重反常，旱灾持续不断地出现。同时，失去植物保护的土地在日晒风刮的自然作用下不断“沙化”，致使土地沙漠化现象日趋严重。据专家们估计，非洲撒哈拉大沙漠每年以6~7千米的速度向南扩展，每年有3万~7万平方千米的耕地被沙漠吞噬。原本大片的绿色土壤，现已变成了荒瘠的黄沙地。据联合国环境规划署分析，从1975年到20世纪末，非洲各国仅水土流失一项，就可以使粮食产量下降25%，加上其他因素，非洲的粮食生产将会下降得更多。

另外，持续的战乱使非洲国家的经济生活难以为继，这也是加剧灾情的一个重要原因。多数受灾国由于连年战乱使广大农民流离失所，根本无法从事安定的农业生产，致使大片土地多年无人耕种，良田荒芜。遇上十年九旱的灾情，更是无法生存，不得不离乡背井，使许多地方的土地发生荒漠化，成了不毛之地。同时，战乱又使交通被破坏，国际救援无法及时到达受灾地区。受灾群众得不到粮食、物品的救济，加重了苦难。正由于天灾人祸一并袭来，使饥荒迅速而广泛地蔓延，近百万人死于饥荒。利比里亚因爆发残酷的内战，使190万人处于水深火热之中，农业生产无法正常进行，旱情发生后又无法大规模组织抗灾自救，结果使130万人在痛苦中煎熬。安哥拉内战爆发后，其石油收人主要用于军费开支，没有余力去救助受灾群众，而且由于内战双方对峙，使救援工作难以正常开展，加重了人民的痛苦。南部非洲局势长期剧烈动荡，莫桑比克独立后经常遭到南非的

侵扰，造成了经济损失达38亿美元，严重的旱灾使其倾尽财力也难解燃眉之急。索马里的内战，使它的食品生产陷于瘫痪状态，致使数十万人在饥饿中挣扎。由此可见，非洲旱情如此严重，是多种因素的积累和迸发，是历史与现实、外部与内部、客观与主观等因素综合作用的结果。要解决非洲日益严重的经济问题，除了依靠自力更生外，还需要国际的支援。所以，当这次灾情出现在人们眼前时，整个世界为之震动，掀起了全球性援助非洲饥民的潮流。然而，值得注意的是自20世纪60年代以来，非洲旱灾呈周期性爆发，而且爆发旱灾的间隔渐趋缩短。1968～1973年连续5年大旱，1978年非洲再度发生大旱，1982～1984年又遭到百年不遇的特大旱灾，导致了1985年的特大饥荒，在人们对这些旱灾还记忆犹新之时，又在1990～1991年爆发了新一轮的旱灾。在旱魃疯狂的袭击下，非洲大陆又约有350万饥民濒临死亡的边缘。据联合国粮农组织估计，此次非洲旱灾至少需要510万吨左右的粮食。苏丹地处非洲东北部，是世界上最热的国家之一，有些地区全年的降雨量不到25毫米。旱魃的袭击使其遭受的灾难极为惨重，有1000万人处于饥渴交迫之中。严重干旱使这个国家大部分地区的农作物绝收，需要国际社会给予高达120万吨的粮食援助。埃塞俄比亚更是一片凄惨景象。在上次旱灾艰难中侥幸活过来的灾民，如今又落入更为可怕的境地，旱魃再度袭击了这片早已气喘吁吁的古老国土，不少人终于未能逃脱死神的魔爪。除了旱灾之外，非洲不少地区还伴随着其他的灾害。乍得在遭到旱灾侵扰的同时，又遭受了蝗虫和甲虫的危害。群蝗飞临，遮天蔽日，把整片整片的庄稼吃得精光。不少国家的饥民，为了寻找水源和食物，不得不长途转移，在大批土地被丢弃的同时，又将霍乱之类的疾病逐渐蔓延开来，发生更大规模的瘟疫，进一步加剧了灾情。

基于非洲面临的旱情和经济困境，第21届非洲国家首脑会议曾呼吁联合国召开特别大会，专门研讨非洲面临的危机问题。希望国际社会不仅对非洲同家提供紧急援助，以缓解饥荒，同时还需要帮助非洲国家实施中、长期经济发展计划，以振兴非洲经济，增强他们抗拒灾变的能力。一些发达国家也开始认识到非洲摆脱贫困，不仅有利于这一地区的发展和稳定，而且对于整个世界经济的繁荣和发展乃至国际和平也产生有利的影响。世界正义而善良的广大人民也再不愿看到非洲重演田地荒芜、尸骨遍野的人间惨剧，积极支持非洲人民为改变自己的命运而奋斗。

环境问题与难民潮

社会环境与经济压力的增长，正是造成全球大规模人口迁移——难民潮与移民——的根本原因，如今的迁移速度之快与范围的扩大，造成出走的人们难以融合，为日后冲突埋下祸因。

反难民与反移民的情绪，反映出许多地区人们内心的不安。全球竞争加深了人们对经济动荡的不安。我们现在所处的时代是一个社会服务与福利经常被减少或取消的时代，也是一个需要争夺逐渐稀少的水与土地资源的时代。在这样的处境下，大量移入的人群很容易就被视为具有威胁力的对象。移民或难民被认为夺走当地人的工作机会，制造经济负担，改变当地的文化与习俗的不受欢迎的人。这些情况可以说明，为什么最近几年许多国家的政治领导人，要运用“外来移民”的议题大做文章。

非洲难民

国际难民的人数，从20世纪60年代初期的100万人，到70年代中期只稍稍增加到300万人。但到1995年时，就暴增到2740万人。这些数字并未包含那些因为大规模基础设施建设而迁移的人。例如在过去10年中，有9000万人因为兴建水坝、道路或其他发展计划而无家可归被迫迁移。

目前，在70个国家境内，至少各有1万个难民，但是很少有国家愿意

为这些难民负责。国际难民，加上国内的迁移的人数，已很惊人地占纳米比亚 63% 的人口，乌干达有 45%，阿富汗则有 20%（不算 2001 年底 9·11 美国世贸大楼遭到恐怖袭击后，美国追剿拉登“基地”组织前后造成的阿富汗难民）。但是，面对如此庞大的流离失所人群，无任何相关的国家为此事挺身而出。

另一个令人们不安的是移民。据统计，全球合法的移民有 1 亿人，至于非法移民的人数，可能在 1 亿～3 亿之间。根据国际劳工组织的统计，全世界有 100 个以上的国家，都经历过移民外移或迁入，其中有 1/4 的国家，同时是接受外来移民及本国人民外移的。当然，各国国内人民也会迁移，移动的方向基本上是从乡村移到城市，从较穷的省份涌入较富裕的地方。根据统计，每年涌进城市的人有 3000 万之多。

传统上，移民与难民之间是泾渭分明的。移民被认为是自己选择离开，受到高薪或好工作的“吸引”而前来；然而，难民被迫离乡背井，因为战争、压迫及其他自己无法掌控的因素而被“推挤”出去。但现在这种分类的界线，已经趋于模糊。

在上述的因素中，与环境有关的原因，到目前为止尚未得到正式的认定，或是没有引起各国政府的注意。例如荒漠化的作用，已使得毛利与布吉纳法索 1/6 的人口外移，埃塞俄比亚因大量热带雨林消失，土地侵蚀，加上人口膨胀、不当的土地所有制度、无效的农业措施等因素，已使得这个国家高山耕作区的农民，大量搬离迁出。由于极不公平的土地配置方式，使萨尔瓦多的农民移到邻国洪都拉斯，更是两国于 1969 年爆发战争的导火线。

现在人们给这些因生活和从事生产的土地发生荒漠化，生态环境遭到破坏而出走的人们冠以“生态难民”。但是无人知晓“生态难民”人数究竟有多少，其原因是由于大家并非一致同意这个定义，另一部分原因则在于环境因素和其他原因的不易分辨。但未来受到环境因素影响的移民人数，估计还会持续增加，尤其是气候变迁的年代。

最近几年，工业化国家与发展中国家皆努力限制移民与难民的涌入。但是人们出走的行动，在未来将更大幅度增加。在许多国家中，战争、镇压与种族冲突的离心力非常强烈，可能使他们分崩离析。生态系统变化影响的范围，若不是以数亿人计，至少也是数千万人计，这还未包括气候变迁的全面影响。许多国家的经济条件也无力提供足够的工作机会，以容纳迅速增加的年轻人就业。对移民采取闭关政策以阻止人潮涌入，无法从根本上解决人类当前所面临的这个问题。

环境问题引发的暴力冲突

环境与社会问题无法解决，将严重影响人类安全。这些问题不仅造成许多人生活艰困与不安定，也会导致暴力冲突。

大部分此类的冲突，多发生于个别国家之中，而不是国与国之间。这是因为冲突团体——农夫、执政者、牧场主人，取水者与其他资源利用者——常有各自无法和解的需求与利益，紧密系在土地与环境的资源上。这些利益冲突基本上都与种族议题、利益分配，或是经济发展不同有关，如小规模对抗大规模，自给性与商业化运作的对立。因生态环境恶化与社会不公，所衍生的问题还相当多。

大规模的资源开采与基础建设的计划，通常都涉及经济利益的问题，并对环境造成破坏性冲击。它们亦时常造成两种负担：①由于打破原来的经济体系与当地土地发生荒漠化，变得不适合居住，迫使当地居民迁徙。②建设项目不容易赚钱。如果有也是很少，还要付出不成比例的环境成本。

一般而言，受到冲击的人大多为少数民族、原住民与其他弱势、贫穷的社区，如自耕农与游牧民族，虽然有些出名的个案广受全世界的注意与支持，但这些族群抵抗与捍卫本身利益的力量却很薄弱。而抵抗与冲突的结果，更造成他们受排挤。

然而，还是有一个案件受到相当程度的注意。1988 年，南太平洋所罗门群岛中的布干维尔岛突击队，一路从巴布新几内亚展开连续的暴力抗争。这项冲突，主要是因为铜矿开采造成的铜资源耗竭而引发的。矿渣与污染物遍布四处，毒害了许多粮食作物，如可可与香蕉；阻塞与污染大部分的

河流，更使得渔获量减少。在过去20年中，这个岛有将近1/5的面积的植被破坏殆尽。铜矿的开采，其经济上的利益几乎全都落人中央政府与外国股东手中。至于付给当地地主的采矿费，只有矿产现金收入的0.2%而已。土地租赁与破坏的补偿费，更是微乎其微。

其他广受瞩目且恶名昭彰的战争，当属奈及利亚原住民抗争，与其政府的残暴镇压，他们也是面对和布干维尔岛岛民相同的威胁，其中的欧格尼族发动温和的抗争行动，要求维护环境清洁，以及应将石油开采的利益公平分配。经常的溢油、天然气的外泄以及有毒物品的排放，已经使土壤、水、空气和人体健康付出相当沉重的代价。许多植物与野生动物都遭到摧毁；很多欧格尼族人得了呼吸系统的疾病与癌症，婴儿畸形的比例也提高。虽然石油带来的利润很大，但人民依然贫困，政府对欧格尼族抗争的回应兑是采取军队大举镇压的方式，摧毁了欧格尼族村庄，杀了2000人，也迫使8万人逃亡迁移。这场压迫于1995年11月达到最高点，奈及利亚政府罔顾国际的抗议，仍将9名欧格尼族的活动分子处决。

在印度的纳马达河谷兴建的萨尔达萨洛瓦大型水坝，预期将会造成毁灭性影响，因而引发当地社区的强烈反对。预计有将近几万公顷的土地，会因遭受洪水的肆虐及灌溉设施的兴建而减少，除了环境与健康的损害之外，这个计划将迫使24万~32万人迁移，只有少数的有钱农夫可以得到某些经济上的利益，然而，需要迁移的却是大多数的阿迪维席族原住民。反对者在纠合国际间对他们的支援之后，并最终得到世界银行撤销这项计划的主要经济援助，不过有些工程仍在持续进行中，这项计划未来的命运还未确定。

整个萨赫尔地区的农民和牧民则受到大型商业、农业与牧场计划的压力，使他们彼此之间与对外来的侵入冲突升级。苏丹大规模的机械耕作计划要取代数百万名的小农户，并造成他们的迁移，有些人因为无条件征收而失去土地，有的则因此放弃家园。苏丹的土质脆弱，旧式机具的大规模翻耕，使土地迅速地遭到风蚀，地力很快耗竭，发生荒漠化。有力量的大农场主不断翻耕新的土地，侵占新的区域，以弥补土地荒漠化的损失。这样就激发了掌权的北方部族与代表牧民和小农户利益的南方部族间的矛盾。

这种不断扩大耕作土地的行动，在当地（南方部族）人眼中，是充满敌意的入侵行为，机械耕作的争议，一直是南、北苏丹对峙与不断内战的主要因素。苏丹内战于1983年爆发，战火至今仍未平息。

正如先前所述，不公平的土地分配制度，强迫许多没有土地或土地出现荒漠化的农民迁移到陡坡、雨林或其他边陲环境恶劣的地区耕种维生。土地需求的压力愈大，小农户之间的竞争愈加激烈，再加上要面对土地大亨、牧场主人、伐木业者等对土地的争夺，因土地而起的冲突就更频繁。

在巴西，大多数的抗争都是由无土地的农民所发起的，但是闲置的土地也会引发流血冲突。主要的对峙是地主私人军队与地方或政府（大多是大地主握有权力）所掌握的警力。过去10年来，因为这些流血冲突而丧生的人不下千人。土地发放的速度仍十分缓慢。根据巴西土地国有局的统计，目前只有85000户没有土地的家庭分配到土地。

在中南美洲，土地发放行动完全受到压制。墨西哥境内许多州，也因此而纷争不断。在嘉帕斯，少数的农业与牧场精英，控制大部分良田，以咖啡制造商为例，约0.5%的制造商拥有12%的咖啡田。养牛业者自1960年开始把小农户赶出自己的农地之后，也明显地蚕食不少农地。据估计，有45%的土地都成为养牛牧场。

在嘉帕斯，大部分的农地争夺都发生在东部。到20世纪中期，这里几乎已经完全荒废、荒无人烟。而拉肯东雨林，则吸引成千上万的农夫，他们或者是要逃难土地荒漠化，或由于兴建水坝，或是政治迫害而被迫迁移。他们不仅要彼此竞争，同时也要与牧场主人、伐木业与石油开采者抢夺资源。

而拉肯东的树木，由1960年的90%，减少到目前的30%，以致国界毫无遮掩，可以一望无际看到邻国危地马拉。

由于人口快速增长与土地分配不公，嘉帕斯已经发生两群人严重的冲突：一边是拼命要占领土地的农民，另一边是借助私人的军队与州政府警力，而反对土地国有的地主。土地是贫农暴动，以及1994年札佩提斯塔国家解放军成立的原因。

“人造”盐漠和盐沙尘暴

盐碱化土壤是盐质荒漠地区（简称盐漠）典型的地表景观。世界盐土面积大约87万平方千米，覆盖了全球干旱、半干旱土壤总面积的14%。其中50%分布在欧亚大陆。在中亚地区，盐漠占地15万平方千米，其中仅哈萨克斯坦就有11万平方千米，土库曼斯坦有2.4万平方千米，乌兹别克斯坦1.5万平方千米，塔吉克斯坦有1000平方千米。

盐分是盐（沙）尘暴的主要成分，常伴随盐（沙）尘暴而肆虐。盐（沙）尘暴是中亚、伊朗、印度和美国西部荒漠地区大盐湖或盐漠地区经常出现的风沙灾害形式。纯盐物质颗粒的盐粉盐尘暴并不多见，由于大风夹杂了大量的盐物质（主要为石膏和岩盐），所以，盐（沙）尘暴往往呈白色或浅灰色特征。白色盐（沙）尘暴或者盐暴是盐漠、盐湖沉积，或其他疏松岩石风化物，被大风吹蚀、搬移，而随风漂移产生的一种风沙盐尘暴，这种盐（沙）尘暴使得空气浑浊不清。最活跃的盐尘源自草地表土和深厚的盐土沉积，它们占干旱和半干旱地带盐漠10%的面积。

这些盐漠土壤是盐物质的积聚区和风成吹蚀物堆积区，或者是盐物质的搬移物，这些盐漠土壤表土积盐很厚。春秋季节，草场表土和深厚盐漠0~10厘米的土壤中，可溶盐含量占了地表50厘米土层中全盐含量的50%以上，含盐很高的疏松盐土结构和无植被保护的地表，极易受到大风吹蚀、搬运和飘浮。中亚地区的盐漠基本分布在地下水多为苦咸水集中，且盐物质沉积深厚的盆地或低洼，盐漠多分布在阿姆河三角洲、穆尔加布河、喀什卡河、泽拉夫尚河和锡尔河、科佩特山脉山前平原东段、里海沿岸、咸海沿岸和巴尔喀什湖沿岸地区。

20世纪70年代以前，盐（沙）尘暴现象比较少见，随着咸海盆地20世纪60年代初期的密集型的资源大开发，风沙盐尘暴发生的频率大大增加，这既有自然因素，也有人为因素。

大部分情况下，盐尘暴与沙尘暴混合发生，这种现象在中亚、哈萨克斯坦西部以及里海北部地区都能见到。然而，自然形成的白色盐（沙）尘暴只有在伏尔加河下游和中游有过记录，就其原因有以下几点：①这些地区人口稠密；②这些地区几乎都位于咸海—里海沉积区产生大量尘埃和盐分物质的地带。

根据奥罗娃的估算，世界上共有8.689万平方千米的疏松盐漠草地，每年可以向大气输送5.2亿吨盐尘。其他荒漠4531万平方千米，包括那些潜在的盐漠，每年可输送7.8亿吨盐积物，世界所有干旱地区每年可向大气输送13亿吨各种盐性物质。因此，根据最新预测，中亚地区盐漠的盐积物约占所有干旱、半干旱地带盐积物的10%。

据估算，每年从中亚地区的盐漠中吹走的盐物质大约为1.1亿吨，这一估算只是一个大概的估计，因为从盐漠地表的吹蚀中可以明显看到吹蚀的严重程度。

中亚地区由一系列盆地和低地组成，是古地中海向西退缩的遗留湖泊洼地发展而成。有诸如卡拉库姆沙漠、克兹尔库姆沙漠、姆云库姆沙漠、萨雷伊希科特劳沙漠、塔乌库姆沙漠、森度克里沙漠和其他一些较小沙漠，仅哈萨克斯坦一国，共有大小45个沙漠，面积达33.6万平方千米。沙质荒漠分布极广外，低地盐漠也广泛分布，沙漠、盐漠交错分布，共同组成了中亚荒漠。如风化岩石石膏荒漠就占据了哈萨克斯坦西北大部分国土。因此，中亚的沙尘暴中夹杂着较多以石膏类硫酸盐为主的盐类，可以称为盐（沙）尘暴。

20世纪生态状况的突出特点是人类对于自然界压力的增大和影响区域范围的扩大。人类抱着改变生态条件的目的“改造自然”，最终却严重破坏和干扰了生态平衡，使生态状况更差。中亚地区较大规模的人为改造开发活动有：①20世纪60年代哈萨克斯坦的处女地开发；②20世纪70年代卡拉博加兹戈尔水库的建设；③咸海盆地大规模地开发灌溉地等，反而导致了盐漠的迅速扩展，风沙盐尘暴发生的增加。

20世纪50年代前苏联在伏尔加河与顿河间修筑了列宁运河，把最终归流里海南伏尔加河水引向黑海，使地区水文失衡，随着里海海岸线的下降，里海北岸著名的海港城市奥得萨港口设施，离现在海岸120千米。卡拉博加

兹戈尔湾不断缩小，1980年比1952年缩小了1/2以上。为了控制里海海岸线下降，1980年春季开始实施隔离里海与卡拉博加兹戈尔湾的卡拉博加兹戈尔水库。这是一次征服自然的“胜利”，从此，人们再次与自己闯的祸端开始了争斗。水库将“湾”和“海”隔开了，卡拉博加兹戈尔湾从此迅速变浅，只过了4年卡拉博加兹戈尔湾就完全干涸，巨大的且十分危险的盐漠环境，就像死谷一样就地形成了。在人为活动的影响下，“人造盐源”出现了。卡拉博加兹戈尔的盐尘在帕米尔高原的山前地带沉降。1984年，又在大坝上修建了向卡拉博加兹戈尔湾输水的管道，1992年，大坝最终宣告被毁。1995年5月，卡拉博加兹戈尔湾的水位上升7米，整个卡拉博加兹戈尔湾又恢复了以前的“水泊梁山”。

在成功排除卡拉博加兹戈尔湾的“人造盐源”之后，咸海地区白色盐（沙）尘暴盐源的人为成分就会越来越多。这里已经发生了明显的环境变化，并且有大的区域特点。由于灌溉，人为改变河流，使得河水改变流向，致使成海盆地大部分地区出现了严重的生态变化。

阿姆河与锡尔河补给的急剧下降始于1961年，并致使咸海水位迅速下降。过去几十年来，上述河流总的补给量每年减少大约4000～5000立方米，而1960年则达到每年下降5.5万～46万立方米。如此大的水流量与每年降在咸海海面的大气降水（0.9万～1万立方米）以及明显的地下水补给与蒸发量持平，使得咸海海面接近平均海平面53米，平均深度16米，咸海水域面积达6.6万～6.7万平方千米。到1999年，海面下降18米，目前达到平均海平面标记33.8米。裸露和干涸的湖面宽度超过120千米，总的水域面积仅有4.03万平方千米。咸海将在我们面前从地球上消失，而地球上最年轻的一个沙质盐漠“咸海沙漠”正在就地形成。

咸海海面的下降导致了海洋地球化学过程的变化。海面下降之前，咸海是一个积盐盆地，和地表径流一起每年流入咸海的盐物质大约是2380万吨，等于是地下水流量的总量。目前，干涸的海岸地带成了向其他地区输盐的盐库，因为裸露的海底已经变成了巨大的盐漠地表。

根据其形态特征，干涸海底的土壤都是结皮土和疏松盐土，并已经形成面积2000平方千米的沼泽盐土。轻质结构土壤极易产生强烈的风蚀过程

的发生，并形成风成地形。在风成地形中，丘间洼地的沙子基本属于轻度和中度盐化沙土，新月形沙丘中的含盐量不超过0.1%～0.3%，粉尘含量为4%～6%；咸海干涸，海底强烈的盐堆积和风成演变过程，决定了它起着丰富盐尘和沙尘尘源的作用，以吹蚀、搬运和浮尘的形式，严重恶化周边地区生态状况。

咸海周围的干旱条状地带是1961年起形成的，但是直到1975年没有出现明显的强风沙盐尘暴。1975年4月，盐（沙）尘暴第一次发生在咸海东北沿岸，并延伸到锡尔河三角洲以南。在地球卫星照片上明显地可以看到，此次盐（沙）尘暴就地形成了一个20～25千米宽，100千米长的干沙带。仅1975年4～6月间发生8次盐（沙）尘暴；其中4月发生5次，5月发生2次，6月发生1次。1975～1981年期间，这一地区从地球卫星照片上可以看到的盐（沙）尘暴就有29次，基本是朝西和西南走向延伸，延伸长度200～450千米。

1985～1990年的5年间，盐（沙）尘暴发生的日数平均每年增加到5.5天。

来自草原表土和疏松盐漠的风成盐尘沉降物大约在5000～7000吨/平方千米。在近地表含盐量很高的斑点状盐渍化地区，每平方千米吹走的盐土、盐尘、盐硝等大约为728吨。

1986年，出现过3个大的吹蚀地点，即沃斯托其尼、萨雷释甘斯基和科卡拉尔斯基三地。目前，哈萨克斯坦境内的咸海干涸海底已经有5处人为的风蚀沙尘源，即位于北部的前萨雷释甘纳克湾湖底和前科卡拉尔与拜尔萨—凯尔梅岛的沙滩、位于东部的从锡尔河出口到阿克别金群岛的干涸湖底、位于西部的在沃茨偌柬涅岛和拉扎列夫岛最近形成的岛屿。

根据航空观测，沙尘云团高达3000～4000米，当干热盐（沙）尘暴出现在东南方向的刹那间，地面、物体、植被以及牲畜身上覆盖了一层略苦味道的白色沉降物，沉降物厚度达1～2毫米，有些地段达到2～4毫米。化学分析结果显示，沉降物主要是硫酸钠、氯化钠、镁盐、石膏颗粒和硅石颗粒物。如前所述，曾经发生过白色盐暴，1955年4月18～22日的盐粉、盐（沙）尘暴影响极大，危害范围达到50万平方千米。

卫星照片上可以清晰地看到漂浮到伏尔加河流域的这次盐（沙）尘暴。盐（沙）尘暴挟带着大量粉尘和盐尘穿越这一地带，盛行的东南风和东风常常在这一地带加强，形成暴风雨甚至飓风。暴风雨和飓风卷起盐粉和尘埃巨柱，横越往昔的乌茨泊伊通道、卡拉库姆沙漠盐漠地带和里海海岸，向俄罗斯平原移动。伏尔加河流域广大地区，由于沙尘、粉尘和盐尘对发电设备以及附属设备的影响，致使电力中断。

在我国临近中亚的新疆地区，不但可以尝到从西北方中亚刮过来的苦盐，环境也出现过类似中亚地区的情况。在北疆我国和哈萨克斯坦交界（阿拉山口）的我国一侧有一较大的湖泊——艾比湖。湖泊靠上游奎屯河等河水补给，近50年上中游开发了大量灌溉农田，还出现了石河子、奎屯、独山子等一批新兴工业城市，上游用水几乎完全断绝了艾比湖的补给水源，使湖水迅速退缩。到20世纪末，艾比湖已完全干涸，干涸的湖底盐分裸露，边部早期裸露的地方为硫酸盐形成的蓬松盐土，遇有大风就形成盐沙尘暴。巧合的是西北方向的阿拉山口为我国北疆地区著名的风口，地形条件使其聚积了强大的风力，经常吹刮8级以上大风，并有12级大风记录。从艾比湖地区吹出的沙已在山前形成沙漠，北疆铁路伊里生——阿拉山口段的沙、碱灾害严重，不时威胁北疆铁路的安全。这段铁路成了连云港——法兰克福亚欧大陆桥的卡脖子段。

水土流失

什么是水土流失

水土流失是指“在水力、重力、风力等外营力作用下，水土资源和土地生产力的破坏和损失，包括土地表层侵蚀和水土损失，亦称水土损失”。

1981年科学出版社《简明水利水电词典》提出，水土流失指“地表土壤及母质、岩石受到水力、风力、重力和冻融等外力的作用，使之受到各种破坏和移动、堆积过程以及水本身的损失现象。这是广义的水土流失。狭义的水土流失是特指水力侵蚀现象。”

这与前面讲的土壤侵蚀有点相似，所以人们常将“水土流失”与“土壤侵蚀”两词等同起来使用。

根据全国第二次水土流失遥感调查，21世纪初期，我国水土流失面积356万平方千米，其中：水蚀面积165万平方千米，风蚀面积191万平方千米，在水蚀、风蚀面积中，水蚀风蚀交错区水土流失面积26万平方千米。

在165万平方千米的水蚀面积中，轻度83万平方千米，中度55万平方千米，强度18万平方千米，极强6万平方千米，剧烈3万平方千米。

在191万平方千米风蚀面积中，轻度79万平方千米，中度25万平方千米，强度25万平方千米，极强27万平方千米，剧烈35万平方千米。

冻融侵蚀面积 125 万平方千米（是 1990 年的遥感调查数据），没有统计在我国公布的水土流失面积当中。

1991 年，中国国务院颁布的《水土保持法》，为我国第一部专业水保技术法规，为我国水保工作者长期无法律依靠画上了句号。

2005 年，中国水利部在全国范围内开展了为期一年的水土流失与生态安全科学考察。

水土流失是如何形成的

地球上人类赖以生存的基本条件就是土壤和水分。在山区、丘陵区和风沙区，由于不利的自然因素和人类不合理的经济活动，造成地面的水和土离开原来的位置，流失到较低的地方，再经过坡面、沟壑，汇集到江河河道内去，这种现象称为水土流失。

水土流失是不利的自然条件与人类不合理的经济活动互相交织作用产生的。不利的自然条件主要是地面坡度陡峭，土体的性质松软易蚀，高强度暴雨，地面没有林草等植被覆盖；人类不合理的经济活动诸如毁林毁草，陡坡开荒，草原上过度放牧，开矿、修路等生产建设破坏地表植被后不及时恢复，随意倾倒废土弃石等。水土流失对当地和河流下游的生态环境、生产、生活和经济发展都造成极大的危害。水土流失破坏地面完整，降低土壤肥力，造成土地硬石化、沙化，影响农业生产，威胁城镇安全，加剧干旱等自然灾害的发生、发展，导致人民生活贫困、生产条件恶化，阻碍经济、社会的可持续发展。

水土流失是在湿润或半湿润地区，由于植被破坏严重导致的。如果干旱地区的植被遭到破坏，会导致沙尘暴或者土地荒漠化，而不是水土流失。

因为植被破坏严重，再加上雨水和地表水的冲刷，导致水土流失。

加大植被的覆盖率，可以保持水土，也就是防止水土流失的发生。

水土流失的类型

根据产生水土流失的“动力”，分布最广泛的水土流失可分为水力侵蚀、重力侵蚀和风力侵蚀3种类型。①水力侵蚀分布最广泛，在山区、丘陵区和一切有坡度的地面，暴雨时都会产生水力侵蚀。它的特点是以地面的水为动力冲走土壤。②重力侵蚀主要分布在山区、丘陵区的沟壑和陡坡上，在陡坡和沟的两岸沟壁，其中一部分下部被水流淘空，由于土壤及其成土母质自身的重力作用，不能继续保留在原来的位置，分散或成片地塌落。③风力侵蚀主要分布在我国西北、华北和东北的沙漠、沙地和丘陵盖沙地区，其次是东南沿海沙地，再次是河南、安徽、江苏几省的“黄泛区”（历史上由于黄河决口改道带出泥沙形成）。它的特点是由于风力扬起沙粒，离开原来的位置，随风飘浮到另外的地方降落。

严重的水土流失——黄河

中华民族的母亲河——黄河

黄河流域自古是我们中华民族的摇篮，也是世界古代文化发祥地之一。

黄河，作为中华民族的摇篮和母亲河，不仅传承着几千年的历史文明，而且也养育着祖国8.7%的人口（据2000年资料统计）。然而，目前黄河的生态危机正在日益加剧，并面临着土地荒漠化，水资

源短缺，水土流失面积增大（黄河中游的黄土高原大面积的水土流失是黄河水土流失面积增大的主要原因），水污染严重，断流加剧，生存环境恶化等诸多问题交织的严峻形势，给流域人民乃至整个国家都发出了严重的警示。

黄河源区“亮黄牌”

青海省作为长江、黄河和国际河流澜沧江三江源区的重要发源地，因其特殊的地理位置，备受世人关注。然而，近年来由于自然因素和人为破坏，致使我国三大江河源头地区的生态环境仍在持续恶化，并已亮起了“黄牌”。

保护和建设好黄河源区的生态环境，不仅对青海省的经济社会可持续发展意义重大，而且对整个黄河流域乃至全国的生态环境改善都具有深刻的影响。

三江源环境恶化

近年来由于受全球气候变暖和人为活动的影响，黄河源区脆弱的生态环境退化趋势正在加重，生态问题十分突出。水土流失面积每年平均新增 21 万公顷，侵蚀程度日趋严重。目前，黄河源区的土壤侵蚀最为严重，水土流失面积达 750 万公顷，占整个黄河流域水土流失面积的 17.5%。每年输入黄河的泥沙超过数千万吨。

土地荒漠化急剧发展，目前青海省荒漠化扩展速率为 2.2%，高于全国 1.32% 的平均速度。全省沙漠化面积已达 1252 万公顷，潜在沙漠化土地面积 98 万公顷，主要集中在柴达木盆地、共和盆地和黄河源头。并且仍以13万公顷/年的速度在扩大。草地植被退化严重，全省约有90%的草地出现不同程度退化，总面积达833万多公顷，比20世纪70年代增加了2倍多。

日益恶化的生态环境，造成世界上海拔最高、江河湿地面积最大、生物多样性最为集中地区之一的黄河源区水源涵养功能退化、湿地萎缩、灾害频繁，生态系统极其脆弱。“中华水塔”本是对黄河源的一种美称，也是对青海省生态功能的形象描述，但是，目前这个大水塔却面临着枯竭的危险。近几年来黄河上游来水量较多年平均减少40%以上，湿地面积平均每年递减近59平方千米，青海湖水位如果以现在12.4厘米/年的速度下降，不出百年这个美丽的高原湖泊将不复存在。

为了有效地制止生态不断恶化的趋势，近年来，青海省在西部大开发政策的引导和流域机构的大力支持下，把生态治理、建设，重建秀美山川作为黄河源区今后工作发展的主导方向，结合本省实际先后重点开展了以黄河源区生态资源保护、植树种草、水土保持、防止荒漠化、草原建设、生态农业等针对性措施为重点的水土保持生态工程建设，并确立了8个生态建设主攻方向各不相同的重点治理区，全面进入了实施阶段。

希望黄河源区生态“亮黄牌”的这种警示，能让国人不仅关注身边眼前的生态安全问题，更能高度关注黄河乃至全国的生态安全问题，让黄河焕发青春，让黄河源区重新找回原始的美丽，并恢复它曾孕育了一个民族一种文化的力量。

河西走廊“沙尘源”

近年来，每到春天，一场场铺天盖地的黄沙自甘肃河西走廊腾空而起，从西北到东南，几乎席卷大半个中国。这个历史上曾以“丝绸之路”闻名于世的“西部金腰带”，如今，正在风沙的威胁下渐渐褪色，处处可见废弃的村庄，撂荒的耕地，成片成片枯死的林木，成了沙逼人走，生态失衡的“难民区”。生态专家在考察河西走廊后认为，这里不仅是我国风沙东移南下的大通道，而且还是我国北方主要沙尘天气的策源地之一。

河西走廊东起乌鞘岭，西接吐哈盆地，南依祁连山，北偎腾格里、巴丹吉林沙漠。东西长1000多千米，南北宽几十至上百千米。总面积21.5万平方千米，占甘肃总面积的50%。数千年来，河西走廊因它厚重的历史而闻名于世：不仅是丝绸之路最重要的干线路段之一、中原王朝与民族政权相互争夺的重要战场，而且也是各民族往来、迁徙、交流、斗争、融合的见证。

然而，今天的河西走廊却因自然和人为的双重因素，成了中国沙漠化最严重的地区之一，成了“沙尘暴”的罪魁祸首。北部的腾格里沙漠、巴丹吉林沙漠正在加快向南侵移的步伐；南北祁连山水源涵养带也因干旱加剧了雪线升高；中部绿洲地带则随着人类活动的加剧，水资源越来越少，耕地大片大片的沙化，呈现出沙进人退的态势。据统计，目前河西地区沙漠化面积正在以1.2万平方千米/年的速度扩张，沙漠化面积比解放前增加了78.9万亩。8.7万平方千米草原面积中，80%严重退化。昔日民勤、金塔、武威等走廊上的“明珠”，如今成了有风就起尘的主要策源地。据从卫星拍摄的沙尘暴路线图看，近10年西北发生的沙尘暴几乎都沿河西走廊向华北及长江中下游逼近。

生态专家认为，河西走廊荒漠化的原因首先是由于干旱、缺水、多风等自然原因形成的；其次是人类的不合理活动加剧了生态的破坏。千里河西走廊过去一直是甘肃移民安置开发的主要区域，近20年中就已安置了甘肃中南部贫困地区的移民13万。人口的增加致使乱垦、乱牧和超载过牧现象屡禁不止。有关资料显示，目前河西走廊的草场地带，一般都超载30%~50%，严重的地区甚至达到100%。

好在近年来，河西走廊的生态危机已引起了国家有关部门、流域机构和甘肃省的高度重视。先后投巨资开展了以合理利用水资源，强化生态建设，科学规划和确定土地人口承载量，实现走廊可持续发展为主要内容的水土保持生态建设战略。为此，2001年上半年，甘肃省政府还做出决定，河西走廊地区将禁止再新开荒地。目前，以恢复和保护环境为目的的大规模节水灌溉工程、风沙治理工程和生态环境建设工程正在河西走廊全面铺开。我们期待着，在不远的将来，河西走廊能够再现历史的风光。

宁蒙河套“水告急”

黄河流域面积近80万平方千米，大部分处于干旱地区，水资源条件先天不足。据统计，黄河拥有水资源只有580亿立方米。而且，黄河水因泥沙太多，每年16亿吨泥沙至少需200多亿立方米的水来冲刷，这样黄河实际拥有的可利用水量每年只有300多亿立方米。同时还要供沿河9个省区及河北、天津两省市使用，本来已经供不应求，再加上不合理地利用和浪费水资源，使得水资源短缺的状况越来越加严重。

俗话说，天下黄河富宁夏，内蒙河套在其中。宁蒙河套灌区千百年来自流排灌，取水便利，生活耕作在这里的农民从未因农田缺水而犯愁。然而，随着上游河段生态的日益恶化，人口不断增加和经济的迅速发展，河套灌区的水资源供需矛盾开始日益显现。特别是宁夏地处西北内陆干旱地区，天上降水十分稀少，地表水严重不足，地下水更是缺乏，黄河过境水是全区最主要的可用水源。加之近年来，河套灌区冬灌引黄水量被压减至近10年来的最少量，农业灌溉用水严重短缺。而且黄河上中游持续干旱，出现历史上罕见的枯水形势，造成宁蒙两大引黄灌区严重的“水荒告急”，已给灌区的农业造成了巨大损失。经专家多次调研考察，河套灌区近年来“水荒告急”原因有四：

（1）黄河上游生态退化加剧，导致了灌区“水荒告急”。由于自然温室效应、黄河上游生态的严重恶化和人为不合理活动的影响，导致了灌区内干旱少雨，天然来水持续减少，生产生活用水“告急”。据有关水文气象部门测定，近年来黄河上游主流和支流来水量比多年平均值减少最多达到50%，致使3~4月份龙羊峡和刘家峡水库无水可蓄，给4~5月份宁蒙灌区春灌大量用水带来了严重的困难。

（2）宁蒙河套超计划用水，加剧了灌区“水荒告急”。由于黄河上游多年连续的资源性缺水，加之宁蒙灌区经常超计划使用黄河水，致使“水荒”愈演愈烈。根据气象水文资料显示，宁蒙两区多年平均降水量200~300毫米，是全国地表水资源最缺乏的省区。加之黄河又是宁夏全区和内蒙古中

西部地区的主要客水资源，自黄河水利委员会对黄河干流实施水量统一调度以来的实践证明，目前，黄河的开发利用现状已不允许宁蒙两区新增黄河干流用水指标。

（3）灌区用水结构不合理，“水荒”矛盾更加凸现。根据调查，由于灌区改造和渠系配套跟不上，导致宁蒙灌区用水比例严重失衡，农业用水占总用水量比例高达90%～96%。而渠系水利用系数仅为0.4左右，有1/2多的水在输水过程中白白浪费掉。灌区亩均毛用水量高达1000多立方米，是全国平均水平的2.4倍。农业用水结构不合理，灌溉浪费严重，加剧了水资源供需的矛盾。加之旱情减少了水资源的有效供给，经济快速发展增加了对水资源的有效需求，水资源承载压力过大，用水效率不高等等，都加剧了水资源短缺的紧张局势，成为宁蒙灌区“水荒告急”的重要制约因素。

（4）开发建设项目的兴起，增加了水资源供需矛盾。随着宁蒙河套地区经济社会的不断发展，该区主要靠利用自然资源优势吸引资金，大规模开发建设能源项目。但能源项目大部分都是高耗水的项目，例如采用湿冷方式冷却的火电厂，一台30万千瓦机组每年需水约450万立方米。按内蒙古近期拟建设的大型工业项目测算，年用水量将增加2.2亿立方米，宁夏东部能源重化工基地规划至2010年需增工业用水1.9亿立方米，其中电厂新增用水0.9亿立方米。由此可见，高耗水的能源开发建设项目，也进一步增加宁蒙河套地区水资源的供需矛盾。

面对水资源短缺的严峻现实，唯一的出路是建设节水型社会。近年来，黄河水利委员会、黄河上中游管理局及宁蒙两省区水利主管部门，根据水利部提出可持续发展治水新思路，按照水权理论对水资源进行有效配置的基本要求，通过“投资节水、转让水权”的改革试点，较好地破解了宁蒙河套地区因水资源短缺而造成的“水荒告急”难题，为我国建设节水型社会开创了一条崭新的道路。目前，“水权转让”改革工作正在进一步地深化和完善之中。

黄土高原“沙为患”

“九曲黄河万里沙，黄河危害在泥沙。”作为世界上输沙量最大的河流，黄河每年向下游的输沙量达16亿吨，如果堆成宽、高各1米的土堆，可以绕地球27圈多。这些泥沙80%来自黄河中游的黄土高原。总面积约64万平方千米的黄土高原，是世界上面积最大的黄土覆盖区。由于该区气候干旱，暴雨集中，植被稀疏，土壤抗蚀性差，加之长期以来乱垦滥伐等人为的破坏，是导致黄土高原成为我国水土流失最严重地区的重要原因。据有关资料显示，黄土高原地区的水土流失面积达45万平方千米，占总面积的70.9%，是我国乃至全世界水土流失最严重的地区。而1500多年前的黄河中游也曾“临广泽而带清流”，森林茂密，群羊塞道。正是人类掠夺性地开发掠去了植被，带来了风沙，使水土流失把黄土高原刻画得满目疮痍。

黄土高原水土流失最严重、生态环境最脆弱的特点就在于：①水土流失面积广，全区普遍存在水土流失现象。②流失程度严重，有大小沟道27万多条。③流失量大（黄河水的含沙量为多年平均35千克每立方米，居世界之首）。④水土流失类型复杂，治理难度大。

沙为患的黄土高原

黄土高原水土流失的危害主要表现在：

（1）泥沙淤积下游河床，威胁黄河防洪安全。该区多年平均年输入黄河的16亿吨泥沙中，约有4亿吨沉积在下游河床，致使河床每年抬高8~10厘米。目前，黄河河床平均高出地面4~6米，其中河南开封市黄河河床则高出市区13米，形成著名的“地上悬河”，直接威胁着下游两岸人民生命安全。

（2）影响水资源的有效利用。该区水资源相对匮乏，水资源总量仅占全国的1/8。年降雨量只有200~700毫米，而蒸发量则高达300~1800毫米。同时，为了减轻泥沙淤积造成的库容损失，每年需200亿~300亿立方米的水用于冲沙入海，降低河床，使有限的水资源更趋紧张。

（3）制约了经济社会发展。严重的水土流失，减少了耕地，导致土壤

肥力下降，粮食产量低而不稳。为了生存，人们不得不开荒种地，陷入“越穷越垦，越垦越穷”的恶性循环，严重制约了社会经济的发展。在国家“八七”扶贫计划的592个贫困县、8000万人贫困人口中，该地区就占有126个贫困县、2300万贫困人口。经过多年的扶贫，目前仍有1000万人口尚未脱贫。

（4）恶化了生态环境。水土流失破坏了原有植被，恶化了生态环境，加剧了土地和小气候的干旱程度以及其它自然灾害的发生。据甘肃省18个县连续44年的资料，旱年或大旱年17年，占38.6%；其他灾害年份19年，占43.2%。严重的水土流失，造成大范围的地表裸露，形成沙漠，一遇大风，沙尘四起，形成沙尘暴。历史上，由于地表植被破坏，形成沙漠，造成陕西北部的榆林城三次被迫搬迁。黄河壶口区上游不远的地方，几十年前还是一个很大很繁荣的码头。现在，河道因为水量太少，泥沙太多，早已经不能行船，码头往日的繁荣只残留在上辈人的记忆之中。再加上近几年两岸的降水太少，附近的村民甚至颗粒无收，生活越来越困难，没有办法，周围的村民只有搬走，去找有水的地方开荒地，图生存。

近年来，黄土高原地区严重的水土流失，引起党和国家的高度重视。党的三代领导人对黄土高原地区的水土流失治理都作过重要的指示和批示。中央还明确提出：“加强封山育林和小流域综合治理，采取‘淤地坝’等多种工程措施，搞好水土保持，是巩固退耕还林成果，促进农民致富、减少入黄泥沙的一举多得的重要措施。”水利部批复《黄土高原地区水土保持淤地坝建设规划》，加大投资力度，并列入中国水利工作三大“亮点工程”之一进行全面实施，引起了社会各界的广泛关注。目前，黄河水利委员会又提出了构筑黄河粗泥沙“三道防线”的战略部署，并把以淤地坝坝系建设为突破口的黄土高原粗沙区治理，作为构筑减少入黄粗泥沙的第一道防线，列入重要议事日程，得到了流域各省（区）和水土保持主管部门的高度重视与大力支持，这一行动，必将为黄土高原地区的生态建设提供重要的支撑作用。

黄河下游“易断流”

黄河流域水资源条件先天不足，生态环境脆弱，在人类活动的影响下，特别是近30年以来下游断流频繁发生，不仅造成了水资源供需矛盾的加剧，而且对流域的生态环境带来了一系列的冲击。据《黄河志》记载，自1972年黄河首次出现断流17天以来，1991~1995年间平均每年断流81天，断流河段长120千米；1996年断流128天，断流河段长620千米；1997年断流13次共226天，断流河段长683千米。步入21世纪以来黄河断流仍有加剧的趋势，黄河成为季节性内陆河的可能凸有显现。其下游断流的原因：

（1）黄河生态环境脆弱，水资源十分匮乏。黄河地处半干旱半湿润地区，降雨量少，生态脆弱，平均年径流量仅相当于长江的1/20，位于全国七大江河的第四位，比长江、珠江、松花江都小。而且黄河径流量一年之内变化很大，枯水期黄河流域基本不下雨，支流缺水，干流水量也很小，自然容易发生断流。

（2）随着黄河流域经济、社会的不断发展，对黄河水资源的需求量越来越大，供需矛盾十分突出。据21世纪初统计，沿黄各省引用的黄河水量已达到270亿立方米，占黄河水资源总量的70%以上，几乎快把黄河“掏空”一干，怎能不断流？

（3）用水浪费，水资源利用率很低。由于水价低，人们缺乏节水意识，因此黄河流域的工农业生产中普遍存在着严重的用水浪费现象。此外，黄河下游的引黄取水工程已达120余座，引水能力远远超过黄河可能的供水能力。为减少断流期间用不上水的影响而采取的“春旱冬蓄”，使非灌溉期的用水也紧张起来。这是断流时间提前、频率增加的主要原因。

在下游断流的地方，昔日黄河帆影已成无水之舟。1997年，历时200多天的断流，使得河床变成了牧场。在东明，干涸的河床上车来车往，凌空飞架的东明黄河大桥显得非常尴尬。断流使下游沿黄城市人民生活受到

严重影响。东营、滨州、濮阳等城市对居民实行定时供水，家家户户蓄水备荒，摆满了坛坛罐罐。沿黄两岸禾苗枯焦，断流时间一长，便颗粒无收。许多在渡口世代靠撑船生活的人家没有活干，只好另谋生路。断流给工农业生产造成巨大损失，年产 30 万吨尿素合成胺的“中原化肥厂”，因黄河断流影响，不得不停产。总之，因断流给沿黄地区造成的经济损失、生态破坏、环境污染都非常严重。

黄河断流不仅给沿黄地区的工农业发展，人民身体健康带来严重损失，而且也导致黄河河道萎缩，入海的泥沙锐减，造成海岸线蚀退，近海生物资源和生物种群结构发生变化，使许多珍稀动植物逐渐濒于灭绝。

断流的黄河

为此，黄河水利委员会在流域省（区）各级政府和水行政主管部门的大力支持与配合下，已采取了许多有效措施，加大黄河治理开发和保护的力度，都收到了显著的效果。

为了黄河生态的安全，为了沿黄人民的富裕安康，近年来，黄河水利委员会又明确提出全力建设“三条黄河”，认真践行治河新理念，当好黄河代言人的伟大构想。并通过实施黄河源区生态修复、风沙区生态建设、河套灌区取水制度改革、黄土高原淤地坝建设及综合治理，逐步减少入黄“粗泥沙”，构筑第一道防线；积极开展黄河小北干流放淤试验，实现“淤粗沙排细沙”，构筑第二道防线；经常性进行小浪底水库调水调沙试验，充分利用水库拦沙库容，实现“拦粗沙泄细沙”，构筑第三道防线的战略措施来“维持黄河健康生命”。我们有理由相信，在不远的将来，黄河的生态将会改变，黄河的明天会更好。所以，我们大家应该在自己能力所在的方面保护它。

黄土高原水土流失的原因

黄土高原水土流失的原因包括：

(1) 自然因素。主要有地形、降雨、土壤（地面物质组成)、植被4个方面。

①地形。地面坡度越陡，地表径流的流速越快，对土壤的冲刷侵蚀力就越强。坡面越长，汇集地表径流量越多，冲刷力也越强。

②降雨。产生水土流失的降雨，一般是强度较大的暴雨，降雨强度超过土壤入渗强度才会产生地表（超渗）径流，造成对地表的冲刷侵蚀。

③地面物质组成。

④植被。达到一定郁闭度的林草植被有保护土壤不被侵蚀的作用。郁闭度越高，保持水土的能力越强。

(2) 人为因素。人类对土地不合理的利用，破坏了地面植被和稳定的地形，以致造成严重的水土流失。

①植被的破坏。

②不合理的耕作制度。

③开矿。

土壤退化

土地资源的概念

土地资源是指已经被人类所利用和可预见的未来能被人类利用的土地。土地资源既包括自然范畴，即土地的自然属性，也包括经济范畴，即土地的社会属性，是人类的生产资料和劳动对象。

土地资源指目前或可预见到的将来，可供农、林、牧业或其他各业利用的土地，是人类生存的基本资料和劳动对象，具有质和量两个内容。在其利用过程中，可能需要采取不同类别和不同程度的改造措施。土地资源具有一定的时空性，即在不同地区和不同历史时期的技术经济条件下，所包含的内容可能不一致。如大面积沼泽因渍水难以治理，在小农经济的历史时期，不适宜农业利用，不能视为农业土地资源。但在已具备治理和开发技术条件的今天，即为农业土地资源。由此，有的学者认为土地资源包括土地的自然属性和经济属性

宝贵的土地资源

两个方面。

土地资源是在目前的社会经济技术条件下可以被人类利用的土地，是一个由地形、气候、土壤、植被、岩石和水文等因素组成的自然综合体，也是人类过去和现在生产劳动的产物。因此，土地资源既具有自然属性，也具有社会属性，是“财富之母”。土地资源的分类有多种方法，在我国较普遍的是采用地形分类和土地利用类型分类：

（1）按地形，土地资源可分为高原、山地、丘陵、平原、盆地。这种分类展示了土地利用的自然基础。一般而言，山地宜发展林牧业，平原、盆地宜发展耕作业。

（2）按土地类型利用，土地资源可分为已利用土地如耕地、林地、草地、工矿交通居民点用地等；宜开发利用土地如宜垦荒地、宜林荒地、宜牧荒地、沼泽滩涂水域等；暂时难利用土地如戈壁、沙漠、高寒山地等。这种分类着眼于土地的开发、利用，着重研究土地利用所带来的社会效益、经济效益和生态环境效益。评价已利用土地资源的方式、生产潜力，调查分析宜利用土地资源的数量、质量、分布以及进一步开发利用的方向途径，查明目前暂不能利用土地资源的数量、分布，探讨今后改造利用的可能性，对深入挖掘土地资源的生产潜力，合理安排生产布局，提供基本的科学依据。

土地资源有如下几个特征：

（1）土地资源是自然的产物；

（2）土地资源的位置是固定的，不能移动；

（3）土地资源的区位存在差异性；

（4）土地资源的总量是有限的；

（5）土地资源的利用具有可持续性；

（6）土地资源的经济供给具有稀缺性；

（7）土地利用方向变更具有困难性。

什么是土壤退化

土壤退化是指在各种自然，特别是人为因素影响下所发生的导致土壤的农业生产能力或土地利用和环境调控潜力，即土壤质量及其可持续性下降（包括暂时性的和永久性的）甚至完全丧失其物理的、化学的和生物学特征的过程，包括过去的、现在的和将来的退化过程，是土地退化的核心部分。土壤质量则是指土壤的生产力状态或健康状况，特别是维持生态系统的生产力和持续土地利用及环境管理、促进动植物健康的能力。土壤质量的核心是土壤生产力，其基础是土壤肥力。土壤肥力是土壤维持植物生长的自然能力，它一方面是5大自然成土因素（即成土母质、气候、生物、地形和时间因素）长期相互作用的结果，带有明显的响应主导成土因素的物理、化学和生物学特性；另一方面，人类活动也深刻影响着自然成土过程，改变土壤肥力及土壤质量的变化方向。因此，土壤质量的下降或土壤退化往往是一个自然和人为因素综合作用的动态过程。根据土壤退化的表现形式，土壤退化可分为显型退化和隐型退化2大类型。前者是指退化过程（有些甚至是短暂的）可导致明显的退化结果；后者则是指有些退化过程虽然已经开始或已经进行较长时间，但尚未导致明显的退化结果。

全球土壤退化概况

当前，因各种不合理的人类活动所引起的土壤和土地退化问题，已严重威胁着世界农业发展的可持续性。据统计，全球土壤退化面积达1965万平方千米。就地区分布来看，地处热带亚热带地区的亚洲、非洲土壤退化尤为突出，约300万平方千米的严重退化土壤中有120万平方千米分布在非洲、110万平方千米分布于亚洲；就土壤退化类型来看，土壤侵蚀退化占总退化面积的84%，是造成土壤退化的最主要原因之一；就退化等级来看，土壤退化以中度、严重和极严重退化为主，轻度退化仅占总退化面积的38%。

全球土壤退化评价研究结果显示，土壤侵蚀是最重要的土壤退化形式，全球退化土壤中水蚀影响占56%，风蚀占28%。至于水蚀的动因，43%是由于森林的破坏、29%是由于过度放牧、24%是由于不合理的农业管理。而

风蚀的动因，60%是由于过度放牧、16%是由于不合理的农业管理、16%是由于自然植被的过度开发、8%是由于森林破坏。全球受土壤化学退化（包括土壤养分衰减、盐碱化、酸化等）影响的总面积达240万平方千米，其主要原因是农业的不合理利用（56%）和森林的破坏（28%）；全球物理退化的土壤总面积约83万平方千米，主要集中于温带地区，可能绝大部分与农业机械的压实有关。

我国土壤退化状况

首先，我国水土流失状况相当严重，在部分地区有进一步加重的趋势。据统计资料，2008年我国水土流失面积已达235万平方千米，占国土总面积的19%。仅南方红黄壤地区土壤侵蚀面积就达6153万平方千米，占该区土地总面积的1/4。同时，对长江流域13个重点流失县水土流失面积调查结果表明，在过去的40年中，其土壤侵蚀面积以平均每年1.2%～2.5%的速率增加，水土流失形势不容乐观。

干旱地区的土壤退化

其次，从土壤肥力状况来看，我国耕地的有机质含量一般较低，水田土壤大多在1%～3%，而旱地土壤有机质含量较水田低，<1%的就占31.2%。我国大部分耕地土壤全氮都在0.2%以下，其中山东、河北、河南、山西、新疆等5省（区）严重缺氮面积占其耕地总面积的1/2以上。缺磷土壤面积为67.3万平方千米，其中有20多个省（区）有1/2以上耕地严重缺磷。缺钾土壤面积比例较小，约有18.5万平方千米，但在南方缺钾较为普遍，其中海南、广东、广西、江西等省（区）有75%以上的耕地缺

钾，而且近年来，全国各地农田养分平衡中，钾素均亏缺，因而，无论在南方还是北方，农田土壤速效钾含量均有普遍下降的趋势。缺乏中量元素的耕地占63.3%。对全国土壤综合肥力状况的评价尚未见报道，就东部红壤丘陵区而言，选择土壤有机质、全氮、全磷、速效磷、全钾、速效钾、pH值、CEC（土壤胶体所能吸附各种阳离子的总量）、物理性黏粒含量、粉/黏比、表层土壤厚度等11项土壤肥力指标进行土壤肥力综合评价的结果表明，其大部分土壤均不同程度遭受肥力退化的影响，处于中、下等水平，高、中、低肥力等级的土壤的面积分别占该区总面积的25.9%、40.8%和33.3%。在广东丘陵山区、广西百色地区、江西吉泰盆地以及福建南部等地区肥力退化已十分严重。

此外，其他形式的土壤退化问题也十分严重。以南方红壤区为例，约20万平方千米的土壤由于酸化问题而影响其生产潜力的发挥；化肥、农药施用量逐年上升，地下水污染不断加剧，在部分沿海地区其地下水硝态氮含量已远远高于世界卫生组织建议的最高允许浓度10毫克/升；同时，在一些矿区附近和复垦地及沿海地区土壤重金属污染也相当严重。

土壤酸碱度

土壤酸碱度，又称“土壤反应”。它是土壤溶液的酸碱反应。主要取决于土壤溶液中氢离子的浓度，以pH值表示。pH值等于7的溶液为中性溶液；pH值小于7，为酸性反应；pH值大于7为碱性反应。土壤酸碱度一般可分为以下几级：

pH值	土壤酸碱度
<4.5	极强酸性
4.5~5.5	强酸性
5.5~6.5	酸性
6.5~7.5	中性
7.5~8.5	碱性
8.5~9.5	强碱性
>9.5	极强碱性

土壤酸碱度对土壤肥力及植物生长影响很大，我国西北、北方不少土壤 pH 值大，南方红壤 pH 值小。因此各地可以种植和土壤酸碱度相适应的作物和植物。如红壤地区可种植喜酸的茶树，而苜蓿的抗碱能力强等。土壤酸碱度对养分的有效性影响也很大，如中性土壤中磷的有效性大，碱性土壤中微量元素（锰、铜、锌等）有效性差。在农业生产中应该注意土壤的酸碱度，积极采取措施，加以调节。

土壤酸化

土壤吸收性复合体接受了一定数量交换性氢离子或铝离子，使土壤中碱性（盐基）离子淋失的过程。

严重退化的土壤

酸化是土壤风化成土过程的重要方面，导致 pH 值降低，形成酸性土壤，影响土壤中生物的活性，改变土壤中养分的形态，降低养分的有效性，促使游离的锰、铝离子溶入土壤溶液中，对作物产生毒害作用。

酸雨可导致土壤酸化。我国南方土壤本来多呈酸性，再经酸雨冲刷，加速了酸化过程；我国北方土壤呈碱性，对酸雨有较强缓冲能力，一时半会儿酸化不了。土壤中含有大量铝的氢氧化物，土壤酸化后，可加速土壤中含铝的原生矿物和次生矿物风化而释放大量铝离子，形成植物可吸收的形态铝化合物。植物长期和过量地吸收铝，会中毒，甚至死亡。酸雨尚能加速土壤矿物质营养元素的流失，改变土壤结构，导致土壤贫脊化，影响植物正常发育；酸雨还能诱发植物病虫害，使作物减产。

土壤碱化

土壤表层碱性盐逐渐积累、交换性钠离子饱和度逐渐增高的现象。

土壤长期碱化后就会形成盐碱地，盐碱地不适合种植绝大部分作物。

造成土壤碱化的原因主要是大量使用氨态氮肥，导致土地 pH 值上升。

要消除土壤碱化，一般采用在土地里加入酸性物质来中和土壤中的碱性。

对过于碱性的土壤，根本的方法是减低土壤的碱化程度。方法有二：

白花花的盐碱地

一是有机改良法。就是在土壤中掺针叶土或阔叶土。针叶土是腐烂的松树的针叶、残枝或锯末沤制而成，是强酸性的，pH 值 3.5～4。一般的碱性土掺 1/5 或 1/6 的针叶土，最适合喜酸性的花卉盆栽用。阔叶土是各种阔叶树的落叶腐烂而成，pH 值 4.5～5.5。有机改良的优点是有机物质自身腐烂后所含的多种元素，都是花卉生长所必需的，并使透气性和透水保水性良好。

二是无机改良法。即在 1 立方米土中掺合 100～200 克硫黄粉，效用可持续 2～3 年。

因土壤碱化而患黄化病的花木，移栽在配制的酸性土中，头十天因根部没有扎到新土内，不能吸收养分，若用食用醋喷洒叶的正反面。这样通过光合作用，叶片制作了一定的酸性养分返送给植株。若经常喷洒食用醋（兑水 10 倍），可使植物生长良好，叶色浓绿肥大。经常往喜酸性的花木叶面喷点食用糖（兑水 50 倍），也可使叶面光亮，花朵硕大。而食用糖又是一种生根的激素，其效果与奈乙、吲哚丁酸和吲哚乙酸并列，且使用比较安全。

土壤污染

什么是土壤污染

土壤是指陆地表面具有肥力、能够生长植物的疏松表层，其厚度一般在2米左右。土壤不但为植物生长提供机械支撑能力，并能为植物生长发育提供所需要的水、肥、气、热等肥力要素。近年来，由于人口急剧增长，工业迅猛发展，固体废物不断向土壤表面堆放和倾倒，有害废水不断向土壤中渗透，大气中的有害气体及飘尘也不断随雨水降落在土壤中，导致了土壤污染。凡是妨碍土壤正常功能，降低作物产量和质量，还通过粮食、蔬菜、水果等间接影响人体健康的物质，都叫做土壤污染物。

土壤污染物的来源广、种类多，大致可分为无机污染物和有机污染物两大类。无机污染物主要包括酸、碱、重金属（铜、汞、铬、镉、镍、铅等）盐类、放射性元素铯、锶的化合物、含砷、硒、氟的化合物等。有机污染物主要包括有机农药、酚类、氰化物、石油、合成洗涤剂、3,4—苯并芘以及由城市污水、污泥及厩肥带来的有害微生物等。当土壤中含有害物质过多，超过土壤的自净能力，就会引起土壤的组成、结构和功能发生变化，微生物活动受到抑制，有害物质或其分解产物在土壤中逐渐积累，通过“土壤→植物→人体”或“土壤→水→人体”间接被人体吸收，达到危害人体健康的程度，就是土壤污染。

为了控制和消除土壤的污染，首先要控制和消除土壤污染源，加强对工业“三废”的治理，合理施用化肥和农药。同时还要采取防治措施，如针对土壤污染物的种类，种植有较强吸收力的植物，降低有毒物质的含量(例如羊齿类铁角蕨属的植物能吸收土壤中的重金属)；或通过生物降解净化土壤（例如蚯蚓能降解农药、重金属等)；或施加抑制剂改变污染物质在土壤中的迁移转化方向，减少作物的吸收（例如施用石灰)，提高土壤的pH值，促使镉、汞、铜、锌等形成氢氧化物沉淀。还可以通过增施有机肥、改变耕作制度、换土、深翻等手段，治理土壤污染。

人为活动产生的污染物进入土壤并积累到一定程度，引起土壤质量恶化，并进而造成农作物中某些指标超过国家标准的现象，称为土壤污染。

污染物进入土壤的途径是多样的，废气中含有的污染物质，特别是颗粒物，在重力作用下沉降到地面进入土壤，废水中携带大量污染物进入土壤，固体废物中的污染物直接进入土壤或其渗出液进入土壤。其中，最主要的是污水灌溉带来的土壤污染。农药、化肥的大量使用，造成土壤有机质含量下降，土壤板结，也是土壤污染的来源之一。

土壤污染除导致土壤质量下降、农作物产量和品质下降外，更为严重的是土壤对污染物具有富集作用，一些毒性大的污染物，如汞、镉等富集到作物果实中，人或牲畜食用后发生中毒。

如我国辽宁沈阳张士灌区由于长期引用工业废水灌溉，导致土壤和稻米中重金属镉含量超标，人畜不能食用。土壤不能再作为耕地，只能改作他用。

由于具有生理毒性的物质或过量的植物营养元素进入土壤，而导致土壤性质恶化和植物生理功能失调的现象。土壤处于陆地生态系统中的无机界和生物界的中心，不仅在本系统内进行着能量和物质的循环，而且与水域、大气和生物之间也不断进行物质交换，一旦发生污染，三者之间就会有污染物质的相互传递。作物从土壤中吸收和积累的污染物，常通过食物链传递而影响人体健康。

污染物的类型有哪些

土壤污染物有下列4类：

(1) 化学污染物。包括无机污染物和有机污染物。前者如汞、镉、铅、砷等重金属，过量的氮、磷植物营养元素，以及氧化物、硫化物等；后者如各种化学农药、石油及其裂解产物，以及其他各类有机合成产物等。

(2) 物理污染物。指来自工厂、矿山的固体废弃物，如尾矿、废石、粉煤灰和工业垃圾等。

(3) 生物污染物。指带有各种病菌的城市垃圾和由卫生设施（包括医院）排出的废水、废物以及厩肥等。

(4) 放射性污染物。主要存在于核原料开采和大气层核爆炸地区，以锶和铯等在土壤中生存期长的放射性元素为主。

污染物进入土壤的途径

污染物进入土壤的途径主要有：

(1) 污水灌溉。用未经处理或未达到排放标准的工业污水灌溉农田，是污染物进入土壤的主要途径，其后果是在灌溉渠系两侧形成污染带。属封闭式局限性污染。

(2) 酸雨和降尘。工业排放的 二氧化硫、一氧化氮等有害气体在大气中发生反应而形成酸雨，以自然降水形式进入土壤，引起土壤酸化。冶金工业烟囱排放的金属氧化物粉尘，则在重力作用下以降尘形式进入土壤，形成以排污工厂为中心、半径为2~3千米范围的点状污染。

(3) 汽车排气。汽油中添加的防爆剂四乙基铅随废气排出污染土壤，行车频率高的公路两侧常形成明显的铅污染带。

(4) 向土壤倾倒固体废弃物。堆积场所土壤直接受到污染，自然条件

下的二次扩散会形成更大范围的污染。

（5）过量施用农药、化肥。属农业区开放性的污染。

污染物在土壤中的去向：进入土壤的污染物，因其类型和性质的不同而主要有固定、挥发、降解、流散和淋溶等不同去向。重金属离子，主要是能使土壤无机和有机胶体发生稳定吸附的离子，包括与氧化物专性吸附和与胡敏素紧密结合的离子，以及土壤溶液化学平衡中产生的难溶性金属氢氧化物、碳酸盐和硫化物等，将大部分被固定在土壤中而难以排除。虽然一些化学反应能缓和其毒害作用，但仍是对土壤环境的潜在威胁。

化学农药的归宿，主要是通过气态挥发、化学降解、光化学降解和生物降解而最终从土壤中消失，其挥发作用的强弱主要取决于自身的溶解度和蒸气压以及土壤的温度、湿度和结构状况。例如，大部分除草剂均能发生光化学降解，一部分农药（有机磷等）能在土壤中产生化学降解；目前使用的农药多为有机化合物，故也可产生生物降解。即土壤微生物在以农药中的碳素作能源的同时，就已破坏了农药的化学结构，导致脱烃、脱卤、水解和芳环烃基化等化学反应的发生而使农药降解。

土壤中的重金属和农药，都可随地面径流或土壤侵蚀而部分流失，引起污染物的扩散；作物收获物中的重金属和农药残留物也会向外环境转移，即通过食物链进入家畜和人体等。施入土壤中过剩的氮肥，在土壤的氧化还原反应中分别形成一氧化氮、二氧化氮和氨、氮，前两者易于淋溶而污染地下水，后两者易于挥发而造成氮素损失并污染大气。

土壤的污染源

土壤的污染，一般是通过大气与水污染的转化而产生，它们可以单独起作用，也可以相互重叠和交叉进行，属于点污染的一类。随着农业现代化，特别是农业化学化水平的提高，大量化学肥料及农药散落到环境中，土壤遭受非点污染的机会越来越多，其程度也越来越严重。在水土流失和风蚀作用等的影响下，污染面积不断地扩大。

根据污染物质的性质不同，土壤污染物分为无机物、有机物 2 类：①无机物主要有汞、铬、铅、铜、锌等重金属和砷、硒等非金属；②有机物主要有酚、有机农药、油类、苯并芘类和洗涤剂类等。以上这些化学污染物主要是由污水、废气、固体废物、农药和化肥带进土壤，并积累起来的。

污水灌溉对土壤的污染

生活污水和工业废水中，含有氮、磷、钾等许多植物所需要的养分，所以合理地使用污水灌溉农田，一般有增产效果。但污水中还含有重金属、酚、氰化物等许多有毒有害的物质，如果污水没有经过必要的处理而直接用于农田灌溉，会将污水中有毒有害的物质带至农田，污染土壤。例如冶炼、电镀、燃料、汞化物等工业废水能引起镉、汞、铬、铜等重金属污染；石油化工、肥料、农药等工业废水会引起酚、三氯乙醛、农药等有机物的污染。

污水灌溉污染土地

大气有害气体对土壤的污染

大气中的有害气体主要是工业中排出的有毒废气，它的污染面大，会对土壤造成严重污染。工业废气的污染大致分为 2 类：①气体污染，如二氧化硫、氟化物、臭氧、氮氧化物、碳氢化合物等；②气溶胶污染，如粉尘、烟尘等固体粒子及烟雾、雾气等液体粒子。它们通过沉降或降水进入土壤，造成污染。例如，有色金属冶炼厂排出的废气中含有铬、铅、铜、镉等重金属，对附近的土壤造成污染；生产磷肥、氟化物

的工厂会对附近的土壤造成粉尘污染和氟污染。

化肥对土壤的污染

施用化肥是农业增产的重要措施，但不合理地使用，也会引起土壤污染。长期大量使用氮肥，会破坏土壤结构，造成土壤板结，生物学性质恶化，影响农作物的产量和质量。过量地使用硝态氮肥，会使饲料作物含有过多的硝酸盐，妨碍牲畜体内氧的输送，使其患病，严重的将会导致死亡。

农药对土壤的影响

农药能防治病、虫、草害，如果使用得当，可保证作物的增产，但它是一类危害性很大的土壤污染物，施用不当，会引起土壤污染。

喷施于作物体上的农药（粉剂、水剂、乳液等），除部分被植物吸收或逸入大气外，有1/2左右散落于农田，这一部分农药与直接施用于田间的农药（如拌种消毒剂、地下害虫熏蒸剂和杀虫剂等）构成农田土壤中农药的基本来源。

农作物从土壤中吸收农药，在根、茎、叶、果实和种子中积累，通过食物、饲料危害人体和牲畜的健康。

此外，农药在杀虫、防病的同时，也使有益于农业的微生物、昆虫、鸟类遭到伤害，破坏了生态系统，使农作物遭受间接损失。

固体废物对土壤的污染

工业废物和城市垃圾是土壤的固体污染物。

例如，各种农用塑料薄膜作为大棚、地膜覆盖物被广泛使用，如果管理、回收不善，大量残膜碎片散落田间，会造成农田“白色污染”。

这样的固体污染物既不易蒸发、挥发，也不易被土壤微生物分解，是一种长期滞留土壤的污染物。

土壤污染的防治

科学地进行污水灌溉

工业废水种类繁多，成分复杂，有些工厂排出的废水可能是无害的，但与其他工厂排出的废水混合后，就变成有毒的废水。因此，在利用废水灌溉农田之前，应按照《农田灌溉水质标准》规定的标准进行净化处理，这样既利用了污水，又避免了对土壤的污染。

合理使用农药，重视开发高效低毒低残留农药

合理使用农药，这不仅可以减少对土壤的污染，还能经济有效地消灭病、虫、草害，发挥农药的积极效能。

在生产中，不仅要控制化学农药的用量、使用范围、喷施次数和喷施时间，提高喷洒技术，还要改进农药剂型，严格限制剧毒、高残留农药的使用，重视低毒、低残留农药的开发与生产。

合理施用化肥，增施有机肥

根据土壤的特性、气候状况和农作物生长发育特点，配方施肥，严格控制有毒化肥的使用范围和用量。

增施有机肥，提高土壤有机质含量，可增强土壤胶体对重金属和农药的吸附能力。如褐腐酸能吸收和溶解三氯杂苯除草剂及某些农药，腐殖质能促进镉的沉淀等。

同时，增加有机肥还可以改善土壤微生物的流动条件，加速生物降解过程。

施用化学改良剂，采取生物改良措施

在受重金属轻度污染的土壤中施用抑制剂，可将重金属转化成为难溶

的化合物，减少农作物的吸收。常用的抑制剂有石灰、碱性磷酸盐、碳酸盐和硫化物等。例如，在受镉污染的酸性、微酸性土壤中施用石灰或碱性炉灰等，可以使活性镉转化为碳酸盐或氢氧化物等难溶物，改良效果显著。

因为重金属大部分为亲硫元素，所以在水田中施用绿肥、稻草等，在旱地上施用适量的硫化钠、石硫合剂等有利于重金属生成难溶的硫化物。

对于砷污染土壤，可施加亚硫酸铁和氯化镁等减少砷的危害。另外，可以种植抗性作物或对某些重金属元素有富集能力的低等植物，用于小面积受污染土壤的净化。如玉米抗镉能力强，马铃薯、甜菜等抗镍能力强等。有些蕨类植物对锌、镉的富集浓度可达数百甚至数千 ppm（百万分之一），例如，在被砷污染的土壤上谷类作物无法生存，但在其上生长的苔藓砷富集量可达 1.25×10^3。

总之，按照“预防为主”的环保方针，防治土壤污染的首要任务是控制和消除土壤污染源，对已污染的土壤要采取一切有效措施，清除土壤中的污染物，控制土壤污染物的迁移转化，改善农村生态环境，提高农作物的产量和品质，为人们提供优质、安全的农产品。

中国土壤污染的特点

土壤污染具有隐蔽性和滞后性。大气污染、水污染和废弃物污染等问题一般都比较直观，通过感官就能发现。而土壤污染则不同，它往往要通过对土壤样品进行分析化验和农作物的残留检测，甚至通过研究对人畜健康状况的影响才能确定。因此，土壤污染从产生污染到出现问题通常会滞后较长的时间。如日本的“痛痛病”经过了 10～20 年之后才被人们所认识。

土壤污染的累积性。污染物质在大气和水体中，一般都比在土壤中更容易迁移。这使得污染物质在土壤中并不像在大气和水体中那样容易扩散和稀释，因此容易在土壤中不断积累而超标，同时也使土壤污染具有很强的地域性。

土壤污染具有不可逆转性。重金属对土壤的污染基本上是一个不可逆转的过程，许多有机化学物质的污染也需要较长的时间才能降解。譬如，被某些重金属污染的土壤，可能要100~200年时间才能够恢复。

土壤污染很难治理。如果大气和水体受到污染，切断污染源之后通过稀释作用和自净化作用也有可能使污染问题不断逆转，但是积累在污染土壤中的难降解污染物则很难靠稀释作用和自净化作用来消除。

土壤污染一旦发生，仅仅依靠切断污染源的方法则往往很难恢复，有时要靠换土、淋洗土壤等方法才能解决问题，其他治理技术可能见效较慢。因此，治理污染土壤通常成本较高、治理周期较长。鉴于土壤污染难于治理，而土壤污染问题的产生又具有明显的隐蔽性、滞后性等特点，因此土壤污染问题一般都不太容易受到重视。

辐射污染：大量的辐射污染了土地，使被污染的土地含有了一种毒质。这种毒质会使植物生长不了，停止生长！

焚烧树叶：树叶里含有一种有毒物质，在一般情况下是不会散发出来的。但一遇火，就会蒸发毒物。人一旦呼吸，就会中毒。

遗失的文明

古巴比伦文明消失在荒漠

地球上出现荒漠化——土地退化可以追溯到人类文明本身的开始，其范围从中国平原延伸到南美洲印加帝国的山峰。

地中海地区自然生境的破坏至少上溯到公元前7000年。考古挖掘显示，公元前6000年的食物残渣中的野生动物骨骼已被家养的羊骨所取代。公元前四五世纪，森林开始减少，并被作为燃料和建筑材料种植。在地中海周围，人类对自然群落的影响已经很长时间了，以至于对于确定哪些植物是原始的、哪些植物是引进的，回答原始植被是什么样子等问题十分困难。森林在整个地区的退化是如此地严重，以致在保护区，也难以恢复原始植被。几个世纪以来，大面积的森林变成了牧场，过度使用的牧场又被多刺的植物所代替。动物群落由于它们生境的消失、面积变小和多样性的降低而被迫迁移。

地中海土生的动植物被认为是4万年以前从印度尼西亚迁移过来的。几乎同时，澳大利亚植被主要植物变为耐火的尤加利桉树。欧洲、北美的沼泽地被抽干，河流上筑起水坝，草原被开垦。在巴西，17世纪初期开始的砍伐森林至今仍在继续，南美洲大西洋边的森林最初有100万平方千米，现在被砍得只剩下一些零星碎片，总面积小于7万平方千米。

一百几十多年前，恩格斯在《自然辩证法》一书中指出："美索不达米亚、希腊、小亚细亚及其他各地的居民，为了想得到耕地，把森林砍完了，但是他们梦想不到，这些地方竟因此成为不毛之地，因为他们使这些地区失去了森林，也失去了积聚和储存水分的中心。"

古巴比伦文明

世界上第一个用文字记载的荒漠化故事发生正是在古代两河流域美索不达米亚平原苏美尔人的一篇史诗记载中，提到有一个人因砍伐森林而招致天谴。美苏尔人没有听从这个寓言的教训，继续砍伐森林，招致整个民族的衰败。

公元前 2007 年苏美尔人的最后一个王朝衰亡以后，巴比伦王国在这里崛起。

美索不达米亚平原有底格里斯河和幼发拉底斯河灌溉，水源丰富，土地肥沃，谷产丰盈。古巴比伦人民在这里勤劳耕作，创造了丰盈的经济财富和灿烂文化，伟大城邦乌鲁克（今伊拉克南部）曾经一度有 5 万人口，农作物丰收，可与今天的北美洲比美。科学文化方面为世界留下了光辉灿烂的遗产，阴历历法和每日 24 小时、每小时 60 分的计时法，现在世界通用的 7 天 1 周"星期"，也来自古巴比伦人以日、月、火、水、木、金、土 7 个星球命名。但是气候干燥，树木很少，存在土地荒漠化的威胁。古巴比伦楔形文字就载有预言荒漠化的描写。

荒漠化是从灌溉农田里开始出现的。巴比伦人大水漫灌土地使之发生盐渍化，覆盖一层厚厚的盐霜。不再有作物覆盖的耕地任意被风蚀，流沙四起，盛极一时的古乌鲁克城如今却成为沙漠中的一座沙丘。

古希腊神话传说中的英雄安泰是大地的儿子，当他一接触大地，就从母亲大地那里得到力量，所向披靡。敌人恶毒地将他高高举起，切断了他与母亲的联系，在空中扼杀了英雄。其实我们每一个人都是大地的儿子。人类是从使用土地转变为经营土地，开始走向文明的。人类无时无刻不依

偎在大地母亲的怀抱，利用大地的资源创造财富。但人类有如一群不懂事的孩子，在吸母亲乳汁的同时却糟害着母亲的肌体。任意破坏植被犹如拔除大地的毛发，堵塞母亲的呼吸系统，任意滥垦滥挖犹如破坏地球的肌肤。

何曾几时，大地母亲已经遍体鳞伤。古希腊的哲学家柏拉图描写公元前4世纪的阿蒂拉：“我们的土地，同以前相比，宛似一个饱受疾病摧残的躯体。”

有古罗马帝国谷仓之称的北非，曾经有过600座繁荣的城市，现在已成为一片沙漠。

发现美洲新大陆的航海家哥伦布描写南美洲大陆时说：他所看过的美丽的东西莫过于他所看到的覆盖着海地山峰的森林。可这些山峰现在都是一片荒芜，水土流失。

在这些例子中，我们可以清楚地知道：人类影响的时间越长和人口密度越大，人类对地球系统其他部分的影响越大。事实上，直到20世纪上半叶，人类对环境的影响还没有达到全球性的规模。

然而，过去的历史绝对不是只有破坏。旱地人民一般都能研究出巧妙的方法，既能靠脆弱的土地维持生计，又不过度使用土地。

例如阿尔及利亚干旷草原的人民游牧于2000万公顷的牧地上，尽量利用季节的更替和气候的变化，同时尽量减少对土地的损害，并同北方定居的农民和南方绿洲的人共享资源。

2000年，联合国已经宣布度过了60亿人口日。展望未来数十年人口增长趋势，可能会导致人均耕地占有率的进一步下降。如果农业用地面积维持在7亿公顷，那么现在每人平均农地面积不足0.12公顷。随着人口的增长，到2020年，将降为0.09公顷，2030年降为0.07公顷。危机不单是土地数量的减少，更大的威胁还来自灌溉水源的减少和土地荒漠化——土地生产能力的衰退。

灌溉用水的减少将带给农地不小的问题。例如，全球有5%～8%的灌溉面积是依赖无法补充的水源。在美国西部及亚洲部分地区，城市与自然环境也加入和农民竞争水源的行列，这种情形可说是愈来愈频繁。

农业地受到侵蚀、流失以及灌溉水减少的威胁，已经影响到农业的可持续发展。特别是任何一个地方土地的潜能，都不能完全满足新增人口对食物需求。而事实上，现在的一些主要粮食生产国，已经了解他们当年过度扩展农地所犯的错误。因此，它们正在将边界农地回复到更为适宜的状况，如放牧这种方式。

举例来说，前苏联在1954~1962年间开垦处女地的计划里，大片耕种的土地现皆已恢复为牧场。哈萨克的农地更是急剧缩减，从1980年中期至今，谷物收获区域面积减少了24%。由于土壤受侵蚀及雨量不足，这些已经被搁置的土地，其粮食产量只有世界平均值的1/5。预估未来农地面积将稳定维持在1300万~1600万公顷，仅相当于20世纪80年代中期巅峰状的1/2~2/3而已。

美国保护区的保留计划已保留1400万公顷左右的边界土地，相当于20世纪70年代谷物价格上涨1倍时，政府鼓励农民临时扩展的土地面积。另外，根据1996年的一项计划，佛罗里达州长春林种植甘蔗的4万公顷土地可能将恢复为湿地，以挽救南佛罗里达州长春林一带受到破坏的生态系统。

根据有关部门制订的《全国生态环境建设规划》，我国到2010年，退耕还林还草面积达500万公顷，减少耕地3.2%。

以上政策性的减少必须要有强有力的措施保证保留耕地的增产。否则势必造成保留耕地生产压力的增大，土地荒漠化进程向其转移。

楼兰古城在沙漠中消失

塔克拉玛干沙漠

新疆。塔克拉玛干沙漠东部。

孔雀河由西向东奔流，进入大沙漠，到下游潜流塔里木河部分流水注入洼地，形成一个面积约2570平方千米的大湖——罗布泊。

河流进入低地，注入湖泊之前，形成了一大块三角绿洲。虽然

雨少、风大、沙多，但有河水的滋润，绿洲胡杨、红柳成林，芦苇、绿草遍野，聚集着无数的野兽和鸟类，景色迷人。

有了这样好的地理环境，自然会有许多人来此定居。考古专家在孔雀区下游三角地带和罗布泊沿岸，发现了许多新石器文化，充分说明早在3000～4000年前的新石器时代就有人在这里居住。

随着人口的逐渐增多和农牧业的发展，逐渐形成了部落和城市。进入阶级社会之后，部落人开始在这里组成一个个国家，其中就有楼兰古国。

罗布泊

楼兰古国，是一个“城郭国”。闻名的楼兰城，就是它的首邑。在汉、晋繁荣时期，这里绿野千畴，粮食自给有余，商道上骆驼队络绎不绝，一度经济十分繁荣，民族和睦相处，人民安居乐业。

但是，楼兰城是建立在生态环境极为脆弱的地带。沙漠中的河流经不起气候和水量的细微变化。在干旱和大风的侵蚀下，草原、田野等绿洲日益缩小，沙漠则在不断地扩大。后来，孔雀河几乎河底朝天，塔里木河潜流断绝，罗布泊遂无水注入。干旱和大风很快将罗布泊的湖水蒸发殆尽，大片的湖滩露了底。河岸上的树木、灌丛、野草离开了水，便成片成片地枯黄而死。最后，连人们日常的饮用水都发生了困

神秘的楼兰古国遗址

难。很快，流沙掩埋了周围的田野、庄稼和村庄。

在水尽粮绝之时，楼兰人被迫放弃了城市，迁到了楼兰西南50千米的海头。不久，整个罗布泊地区被流沙覆盖，退化为盐碱荒漠的无人地带。楼兰古国在风沙的摧残下彻底毁灭了，古城从此销声匿迹。

19世纪末和20世纪初罗布泊几经干涸，到20世纪60年代，随着塔里木河、孔雀河流域土地开发用水，河流断水，罗布泊彻底变成了一个干涸的洼地。

这是一个没有生命的绝望之地。现在，在地球资源卫星发回的照片中很容易发现罗布泊洼地，湖泊一次次退缩所留下的干枯湖岸清晰可见，一圈一圈的形状好似地球的一个大耳朵。

罗布泊地区，茫茫戈壁连天际，凌凌大风蚀脊垄。这里时常出现如下景象：风卷沙土，黄尘飞扬，沙尘蒙蒙似烟雾，寸草不长，满目凄凉，沙漠起伏如海洋。

然而，就在这片荒漠之地，存在着一座古城遗址。1900年，瑞典地质学家斯文赫定与我国维吾尔族同胞爱尔迪克决定沿着孔雀河向东寻找处于“游移中”的罗布泊。一天中午，两人正走得疲惫不堪想坐下来休息一会儿时，眼前出现了一块块台地和一条条脊垄。台地上，依然残留着一垛垛残垣断壁。

这一偶然的发现，当时曾轰动了中外。后来，英国、日本的学者先后来到这里考察，在搜刮走了许多珍贵文物的同时，初步认定这就是2000年前的楼兰古城遗址。

我国考古工作者对罗布泊的考察和研究是在1979年和1980年开始的。经过数次详细勘探测定，终于弄清了楼兰古城的本来面目。

楼兰古城，位于罗布泊西岸，新疆维吾尔自治区塔里盆地的东部，若羌县北部，坐标为东经89°55′22″、北纬40°29′55″。在长期的风蚀下，整个城市已被扯成了条条块块。凹地里，耸立着枯死发黑的红柳灌木，台地上残留着断墙残壁。在强烈大风的长期侵蚀下，这里已经变成了条条垄脊和块块孤立的台地。这种特殊地形，在地质界称之为雅丹地形。从残存的断墙中，可以窥见古城的大致轮廓。

楼兰古城，城墙基本上呈梯形。城墙的西、北两边均长327米，东边长337.5米，南边长329米，全城面积为10.9万平方米。其中，残存最长的一段城墙长60.5米，宽8米，残高为3.5~4米。城墙为板筑夯土结构，每两三层夹一束红柳芦苇枝条，犹如现代混凝土中的钢筋一样。

全城大致分为3个区域：东北部为寺院区；西南部为官衙区；西部和南部为住宅区。

寺院区以高耸的佛塔为主体，并以塔为中心，周围建有木构土筑的寺庙。佛塔呈八角形建筑，塔基直径19.5米，残高达10.4米。佛塔下层为板筑夯土，上层为垒砌土块。官衙区的房屋，都是坐北朝南，墙厚有1.1米之多。其中，最大的中厅有房3间，面积106平方米。屋墙一般都以大木为架，红柳编网，然后在外涂抹一层厚厚的草泥。

居民住宅区主要集中在西部和南部。屋墙亦都是由红柳编网后，涂抹一层草泥而成。住宅的院落大小视贫富而定，最大的可达350平方米，最小的不过是20~30平方米。

另外，在城中有一条古水道，它自西北向东南穿城而过。古城的居民大概就是靠着这条水道过日子的。

城东4千米处，有一座较小的佛塔，残高6.28米。塔壁上，遗有彩色佛教壁画残片的佛像残骸。

城西北5.6千米处，有一座烽火台，残高10.2米，基宽18.7米。烽火台中留有空间，内可供人居住。

城东北，又发现多处墓葬群。墓穴中，随葬物品极为丰富，有铜镜、耳饰、玉器、木碗、陶罐、织锦、汉钱等。经专家检测，大多为汉、晋时代的遗物。

在勘查过程中，我国考古工作者还弄清了楼兰古城毁灭前大致景况。

从挖掘出的大量汉文木简和纸张文书以及大量的碎陶片、碎玻璃、丝绸片和钱币来看，专家们断定楼兰古城是丝绸之路南线的必经之地，也是西域长史府的所在地。

西域长史是汉代中央朝廷直辖的管理西域事务的官员。长史属下还设有史、从椽位、郎中、帐下军政官员，并领有众多的戍边垦卒。后来到了

三国曹魏、西晋时期，西域长史一职被取消，实际上由凉州刺史代为管理。西晋灭亡后，西域之地遂归割据河西的前凉督管理。

那时，城内除了汉族吏座及其眷属之外，还居住着很多少数民族居民和僧人。同时，城外还有不少农民。他们灌溉田地，种植庄稼，以供军民食用。因此，楼兰居民当时究竟有多少人未能证实，但从古人留下的史书中尚可见到端倪。据晋朝和尚法显在《佛国记》中记述："其国至奉法，可有四千余僧。"由此可见，和尚尚且这么多，而俗人不会比僧人少。据专家估计，至少在万人以上。

专家们还从可能是供过往商贾食宿之所的遗址中，挖出了大批外国的文书和钱币，其中有粟特文书。粟特文是中亚粟特人使用的文字。据史料，粟特人善于经商，粟特文书很可能是粟特商人遗留下来的。由此判明，楼兰人曾与外国丝绸商人密切来往，许多国家都同它保持着文化、贸易的联系。

沉睡千年的古城虽然已为世人知晓，但它究竟是怎样被掩埋和毁灭的呢？

埋藏在沙漠里的故事

一座沙海中的遗址，记载了一个残酷的故事。楼兰古城，处在古阳关以西 1600 千米，是内地通往西域的必经之地，有着"西域门户"之称。2000 多年前，楼兰古国是个水源丰富，森林密布、田园葱翠、物产丰饶的有名国度。古楼兰人有着悠长的历史，它在 2100 年前就开始见诸于文字。公元前 176 年，汉文帝收到匈奴单于的一封信："敬问皇帝无恙。……定楼兰、乌孙、呼揭及其旁二十六国，皆以为匈奴。"

公元前 126 年，张骞出使西域返回长安后称："楼兰姑师（车师），邑有城郭，临盐泽。"盐泽，即今罗布泊。

公元前 60 年，即汉宣帝神爵二年，汉朝设西域都护府，对西域内属诸城国和游牧部落进行管辖，史称"西域二十六国"，其中就有楼兰。

由此可见，楼兰人曾经属于匈奴，后又归属于汉朝。但汉昭帝时代，楼兰国王暗通匈奴，刺杀汉使，汉朝乃派大将灭了楼兰国，改其国号为“鄯善”。

在库鲁克山中，有着数以千计的崖画。这些崖画记录了这个居住在罗布泊畔的民族1万多年走过的路程。在漫长的岁月中，楼兰人的祖先在这里捕鱼、采集、种植……创造着灿烂的古代文明；同时他们又将生活与理想以图像的形式深深地刻在岩石之上。其中有美丽的孔雀、凶猛的虎、温柔的羊群，还有骆驼、野马、野牛、野猪等，甚至还有楼兰人弯弓搭箭、波澜壮阔的围猎场面。

但是，到了公元4世纪初，无情的风沙开始疯狂地吞噬着这块绿洲，生态环境开始不断地恶化。经过数百年的变迁，楼兰城域渐渐被废弃。目前，在古楼兰城遗址的木简中发现的最晚一个年号，是建兴十八年。

据传东晋时，高僧法显曾经取经路过那里。当时的楼兰，已是遍地黄沙，相当荒凉了。后来，他在《法显智取记》中，把楼兰人祖辈栖身之所，称之为“死亡”之地。“沙河中多有恶鬼，热风遇者则死，无一全者。上无飞鸟，下无走兽，遍望极目，欲求渡处莫知所拟，惟以死人枯骨为标识耳。”这就是他在记述中对当时楼兰之地衰败景况的粗略描述。

公元7世纪，唐朝高僧玄奘西行取经返回时，也曾途经此地。他在《大唐西域记》中写道，“至折摩驮那故国，即且末地也。”数言之中，足见玄奘回归大唐路经楼兰地时，这里已是荒无人烟，一片凄凉。

唐朝玄奘雕像

在大西北干旱区，城市的繁荣与毁灭，表现得如此惊心动魄！

茫茫荒漠，人们很难在那里长

久地生活和发展。楼兰古国的毁灭，是一个世纪性的变迁——一个岁月不能埋没的巨大悲剧。造成这一悲剧的直接原因，就是生态环境的不断恶化，即疯狂的流沙使荒漠不断扩大。

“环境难民”或称“生态难民”，这个词是现代才使用的。楼兰古国的居民们大概是地球上最早的环境难民之一。“双双掉鞭行，游猎向楼兰，出门不顾后，报国死何难。”这是唐代诗人李白写下的悲壮名句。从这些诗句中，透露出诗人对这种悲剧的绝望之情。在变幻莫测、扑朔迷离的大自然面前，楼兰人还无法抗拒它的淫威，只得背井离乡，远走他方。而且，他们一旦跨出门去后，就不准备再踏进家门了。

据历史记载，公元542年，即西魏大统八年，有一位叫鄯米的人，带领着最后一批楼兰的居民，冒着弥漫的风沙走出戈壁，翻山越岭向着伊吾（即现今的哈密）迁徙了。从此以后，楼兰古国在历史上消失，楼兰人再也没能返回自己的故土。

随着岁月的流转，滚滚的黄沙不断侵蚀、吞噬着田野、草原、乡村、城市——罗布泊已成了一片沙海，曾经繁荣一时的楼兰城，就这样被深埋在茫茫的沙海中，直至1979年古城遗址才被世人知晓。

楼兰的毁灭，除了环境的自然变迁外，主要与生态环境的破坏，土地沙漠化有关。楼兰人在这里已经生活了1万多年的时间，他们创造人类的文明历史，然而在短短的几百年中归于毁灭，其中人为的因素是环境变化的主要因素。围垦、伐林、毁灌、掠夺、战争……所有这些因素，无疑大大地加快了楼兰古城毁灭的进程。据史料记述，由于当时环境恶劣，人们的生活十分艰苦，楼兰士兵经常抢劫路上过往的商旅和使臣。汉代朝廷曾派遣数万骑兵在从骠侯赵破奴的率领下，踏破边城，俘获了楼兰古国的最高主宰——楼兰王。本来这里就是个生态脆弱的地区，加上人类过度的“践踏”，加速了它的灭亡。

当然，如果简单地把楼兰的毁灭归咎于人为生态环境的破坏，也是不公正的。据出土的木简中记载，面对耕地沙化、森林枯死的险恶环境，楼兰人在寻找水源和缴纳水税的同时，还制定了《森林法》：若连根砍断树者，不论谁都罚一匹马；若在生长期砍断树木者，罚母牛一头。可见，当时的楼兰人已懂得了环境保护的重要性。在国家、人民生死存亡的危急关头，他们认识到：对大自然的过度索取，是会遭致严酷无情的报复的。

其实，在漫长的岁月中被流沙掩埋的古城又何止楼兰城。在塔里木盆地的滚滚黄沙之下，埋藏着25座古城和无数的村庄。它们在怒号的狂风中诉说着远古的灾难。每一座古城的荒芜，都有一个残酷的故事。每个故事中，又饱含着悲壮的感叹和凄凉的泪水。

古阳关，遗址上铺满了滚滚的黄沙。这里，曾经是一个有相当规模的城市。

据专家考证，古阳关曾与寿昌海遥相对望。寿昌海是由戈壁荒漠中渗出的泉水，汇成的一个小小的湖泊，方圆仅1里，且时盛时衰。这个奇迹般的小绿洲，实际上靠的是祁连山雪水的最后流注。就是这个小小的湖泊，孕育了古阳关的灿烂文明。按我国古代“山南水北为阳”的说法，它应该是沙漠中一座依山傍水、景色壮丽、相当迷人的古城。

然而，百代兴衰，这里却成了渺无人迹的去处。现在，风过沙移，只是偶然露出一些残迹，牧民们将这黄沙遍地，但到处都埋藏着“古董”珍宝的荒滩，赋予了一个极为好听的名字，叫做“古董滩”（古董——西北人对文物古迹的俗称）。

交河古城。曾是西域都护府的所在地。这里，汉朝统治者的代表指挥和统帅着西域广阔地区的千军万马。“白日依山坐烽火，黄昏饮马傍交河。”这悲壮的诗句记载了当年古城的壮丽风采。

古交河城建筑在被河流切割冲刷出的一座呈柳叶状的河心孤岛上，四周高耸陡峭的岩崖，组成了城市天然的屏障。在刀箭矛戟为兵器时代，交河城确是个易守难攻的堡垒。

交河古城

过去，古城内屋宇连片，街道纵横，人口颇盛；交河两岸，片片绿洲，鸟语花香，瓜果累累。但如今，已是长河干涸，渺无人迹的荒漠。在逃离居民的残破的灶台上，看到的只是一层厚厚的沙土。

水是值得的珍惜的，尤其在大西北，一旦失去了宝贵的水资源，再牢固的堡垒也会不攻自破的。高昌古城，一座地处吐鲁番盆地边缘的历史名城。它曾经是个水源充盈的都城，城里沟渠纵横，城外碧波环绕，人们从来不知道干旱和缺水的苦楚。但是，随着气候的变迁，水资源逐渐耗竭。在风沙的侵蚀下，这儿便成了茫茫戈壁荒漠中废弃了的古城。

据史书记载，距高昌古城几十千米之外的火焰山大峡谷，是高昌城的水源地。但是，当年汹涌的水流，现在只是如同游丝般的一条细线，在烈日的酷晒下，还未流出峡谷，就已消失得毫无踪影。

桥湾古城，它的残垣耸立在疏勒河畔。传说，桥湾古城是根据清乾隆皇帝的一个梦修建的。乾隆在梦境中见到：一条河流有九道湾，第九湾上有座石桥，桥边有棵石榴树……乾隆打算把桥湾城修成故宫一般规模宏大的离宫。

桥湾古城

事与愿违，仅仅过了100多年，桥湾城就成了一片废墟。疏勒河流的干涸，是上游过度利用水源，下游水资源耗尽的结果。河流一旦消失，古城生命之水也随之枯竭。桥湾城短暂的生命，是人类与自然环境较量时失败的见证。

石包古城，地处祁连山中的榆林河畔。据说，它是薛仁贵征西时修筑的城池。因它是用石块垒砌而成，故称为“石包城”，它是一座边地要塞。榆林河谷是祁连山谷脉中通往青海和南疆的重要山口。但时过境迁，当它在军事上的作用一旦消失，这座边塞古城也不得不被废弃。现在，从荒漠中遗存下来的断墙残垣中，还依稀可见当年古堡的宏伟气势。然而，其衰败荒凉之状，不由使人增添哀伤之感。

“黑城”和“白城”

黑河，曾经是河西走廊上最大的内陆河。它发源于祁连山，流经张掖，向北穿过巴林吉丹沙漠，最后注入居延海。黑河的下海，又被人称之谓“弱水”。它在漭漭的黄沙中划出了一条长达数百千米的绿色长廊，成为通往漠北的唯一通道。

弱水流入的居延海，一分为东西两个湖泊。居延古城就坐落在海旁。随着时光的流转，居延古城也时盛时衰。过去，这里的野花、蓑草、枯杨，成为诗人们吟咏不绝的题材，曾经写下过流芳千古的诗篇。

然而，现在的弱水早已干涸，居延海也随之消失了。干涸的湖底，成了一片白色的盐碱地；死去的鱼类，只剩下了点点白色的遗骨。滚滚的黄沙正在吞噬着农田、草场、村庄。要不了多久，古楼兰的厄运将在这里重演。

古居延——黑城遗迹在额济纳河（弱水）下游古三角洲上。黑河古城在1～14世纪期间，伴随着驻军的屯垦曾繁荣了1300多年。古居延的开发始于汉武帝“断匈奴之右臂”的积极国防策略，从匈奴获得居延地区后置长驻军队，因交通不便，就开始了大规模屯田，并为后代所效仿。当时的环境是非常适合农业和人类居住的。首先，那时的建筑材料、日常用品和木简大多用胡杨、柽柳、芨芨草和芦苇，表明植物繁茂。后汉书郡国志记载“居延户1564，口4733”。6世纪仍有“土地沃衍，大宜耕殖”的记载。但居延也从此成为一个重要的军事基地而经历了数次战争。每次战争之后，长时间的弃耕，沙质平原上弃耕的农田在缺乏植被的保护下受风蚀作用，就地起沙，发

古居延

生土地大面积沙漠化，下一次的屯垦不得不迁移。唐代设宁冠军防止北方游牧民族的入侵。1035 年西夏在古居延城置黑山威福监军司。蒙古征服西夏后，1286 年元朝在这里置亦集乃路总管府。最后在元末明初的战争中，河流改道，水源断绝，导致了三角洲最终的沙漠化和废弃。

在毛乌素沙漠，今靖边县红柳河北岸有一座白色的古城，俗称“白城子”。那可是公元 4 世纪最后的一支匈奴人建立的大夏国都城统万城。

白城子

秦汉时代毛乌素沙区是“沃野千里，仓稼殷积”和“水草丰美”、“群羊塞道”的农牧并茂之区。公元 413 年匈奴首领赫连勃勃动用 10 万人在这里夯土筑城，据说筑城之土全部蒸过，以防蚁蛀，修建了统万城作为夏王朝的首都。

当时城郊的自然环境是“临广泽而带清流”，一派水碧山青的宜人景色，绝非黄沙莽莽的沙漠景象。其后，几经战乱，唐代到宋代这座古城是沙漠中的一个州府——夏州的所在地。至唐代开始有了关于流沙的记载。公元 822 年夏州（统万城）在大风天内：“堆沙高及城堞”，可见该城在修建后 400 多年之间，环境有了很大变化。唐宪宗（公元 806 ~ 821 年）时期的诗人李益及唐咸通（公元 860 ~ 874 年）时期的诗人许棠所写古诗（《登夏州城观送行人》及《夏州道中》），就有“沙头牧马孤雁飞”，“茫茫沙漠广，渐远赫连城”的诗句。到了公元 994 年，宋王朝毁弃夏州并明确称其“深在沙漠”，给我们留下统万城周围沙漠化程度的文字记载。至今，唯城址西北角那座高达 24 米的敌楼，矗立于滚滚流沙之中，在 10 千米以外，越过波浪般的沙丘，仍可看到它的雄姿。

公元 1473 年（明宪宗成化九年）在陕北修筑长城（分内、外长城），

这就是当时农垦的北界。为了防御逐水草而居的游牧民族南下，曾把“草茂之地筑于之内”，可见当时长城沿线植被的繁茂，依旧是水草丰美、宜农宜牧的膏腴之区，并非今日一派流沙景象。

明中叶以后，内外边墙间城堡林立，军屯民垦很盛，出现了“数百里间荒地尽耕、孳牧遍野”的情况。但是到了明代后期，由于政治腐败，民族间战争频繁，农业经济未能稳定地经营下去，长城沿线出现大片撂荒农田，为沙漠化的形成创造了条件。同时，过度的经济活动及频繁的军事征战，使天然植被遭到严重破坏，如15世纪中叶明王朝就采取在冬春草枯之时，将临近边墙150~250千米范围内的“野草焚烧尽绝”以防止游牧民族的入侵。由此可见明后期在陕北、宁夏河东长城沿线既无稳定的农业经营，又缺乏必要的植被恢复期，致使裸露的沙质地表在风力作用下开始发展成为沙漠化土地。

例如公元16世纪中叶明万历年间，陕北长城一带已经出现了建筑物壅沙现象，当时的北方重镇榆林已经是“四望黄沙”，大有被沙地包围之势。

毛乌素沙地沙漠化过程从唐代开始延续1000余年，而沙漠化的进程是由西北而东南逐渐推进。如以明长城画一条界限，长城以北沙漠化发生在9~15世纪（唐至宋）间；而长城沿线及长城以南近60千米的流沙则是明代至中华人民共和国成立近300年内的产物。沙区内许多历史遗迹具有西北而东南按朝代顺序分布的规律性，从侧面印证了毛乌素沙漠化方向和历史进程。

翻耕出的沙漠化土地

在我国东部的科尔沁沙地也有许多古城遗迹，最著名的当属今内蒙古赤峰市敖汉旗境内，乌尔吉木伦河与沙力漠河汇合口附近的临潢府遗址，那可是在北方存在400多年的辽代最早的首都。

根据考古资料，5000~6000年前的新石器时代，科尔沁草原就开始有

人类活动。出土的生产器具表明，当时本区的居民部分以经营种植业为主，部分以经营畜牧业为主。进入青铜器时代以后，一直到秦汉时期，本区已基本转为以种植业为主，并且农耕十分繁盛。而由于过度的农耕，科尔沁草原在这时就出现了第一轮风沙活跃的土地沙漠化阶段。

科尔沁草原

汉朝以后，一直到契丹建辽前的150多年间，科尔沁草原相继为匈奴、乌桓、鲜卑等以牧业经济为主的民族所统治，农业衰退，畜牧业兴旺，土地沙漠化逆转。

4~7世纪时，契丹民族的一些部落游牧于今日西拉木伦河（时称潢水）与老哈河（时称土河）之间，“追逐水草，经营牧业”。当时除有发达的畜牧业外，开始发展农业，环境“地沃宜种植，水草便畜牧”。10世纪初契丹耶律氏在今科尔沁草原地区建立辽王朝，都城设在今乌尔吉木伦河与沙力漠河汇合口附近，称上京临潢府。并在潢水两岸地区建立了不少的州县，从被占领的北宋燕、蓟二州和东面的渤海国掠来农民，从事农耕，农业有了进一步的发展。到10世纪中叶，这个地区已和辽海地区发展成为“编户数十万，耕垦千余里”的农垦区。从沙区中出土的辽代铁器农具及文化遗址可以反映当时农垦的情况。这些遗址大部分在老哈河与教来河间的龙化（州）等沙区中。

随着草原农业开垦范围的扩大及樵柴活动，植被遭到破坏，沙漠化开始发展。北宋著名文人苏辙（1039~1112年）出使辽国，诗云：“兹山亦沙阜，短短见丛薄”（诗句中的山指永州木叶山，即今赤峰市翁牛特旗海金山），可见，当时西辽河平原已有大面积沙漠化土地。到12世纪的金代，已出现了“土脊樵绝，当今所徙之民，故逐水草以居”的情况，反映了沙

漠化已很严重，并有因“常苦风沙所致”韩州城四治三迁的记载（韩州最后的治所古城即现在哲里木盟科左后旗浩坦乡城五家子古城）。

到13世纪以后，随着辽灭亡，元、明王朝建立，政治中心南移，农垦规模缩小，天然植被逐步得到恢复。因之到17世纪清初，这个地区又成为“长林丰草……凡马驼牛羊之孳息者，岁以千万计”的优良草场。清代不少的围场和牧场便分布在这一地区。

科尔沁沙地

科尔沁沙地最近一次的沙漠化主要发生在18～19世纪以后。自18世纪中叶，清政府对本区推行放价招民垦种政策，草原被逐渐开垦。放垦荒地因土质瘠薄，一般经过2～3年即因沙害而放弃，继而开垦新草地。大面积犁耕使土地的表土层遭到了破坏，在缺少植被保护的撂荒地上经过干旱风季沙层被吹扬而起，形成流动沙丘。这种沙丘（俗称“白沙坨子”）以斑点状首先出现在居民点、牧场、耕地附近及沿河地区，逐渐扩展连接成片，从而使美丽富庶的草原退化为沙漠化土地。即使在科尔沁草原西部、承德以北清代著名的“木兰围场”，到20世纪初也被开垦，天然植被覆盖率下降到5%，沙漠化土地面积已占该县北部地区土地面积的48%。

综上所述，历史上科尔沁沙地的沙漠化存在着波动性，在大约公元前3100年到18世纪中期的这一时期内，科尔沁沙地经历了3个沙漠化的循回，沙漠化开始时期大约为：秦汉后期、辽和清朝末期。导致沙漠化发生的原因是人类活动方式由畜牧业（或畜牧业为主）向农业（或以农业为主）活动转变而诱发的。

18世纪中叶以后，我国的人口猛增，加上地主对农民的盘剥，传统农业地区失去土地的农民“下关东”和“走西口”掀起草原垦殖的高潮，草原南部不堪这种突然增加的压力，生态平衡破坏，土地沙漠化愈演愈烈。

中华人民共和国建国以后，在“以粮为纲”等错误思潮的驱动下，科尔沁牧区纷纷弃牧从农或半农半牧。同时，由于人口的急剧增长，人类对环境的索取压力迅速超过了生态系统承载力的临界阈值，所以，科尔沁地区的生态系统日益恶化，沙漠化迅猛发展到今天的状态。

肥沃草场的开垦也加深了牧业和农业的矛盾、民族间的矛盾。“南方飞来的小鸿雁啊，不落长江不呀不起飞，要说起义的嘎达梅林是为了蒙古人民的土地……”这段民歌唱颂的就是20世纪20年代科尔沁草原的牧民群众和下层官吏的维护放牧权，反对王爷、军阀、日本侵略者相勾结侵占草场的斗争。

“哥哥你走西口，小妹我实难留……”一段忧伤的情歌唱出了出外逃荒，下关东、走西口路上的辛酸和无奈。

接近中蒙边界的草原地区是我国三大多风和大风区域之一。年降水200~400毫米，地区高寒，冬季漫长，一年的积温（植物或农作物生长期空气温度积累的综合，一般以一年中5天气温稳定通过0℃或10℃的温度累计计算）和无霜期（不会出现霜冻的日期）勉强可以使一年一熟作物成熟。像这样的地区生态环境条件非常脆弱，通常称做生态脆弱带。这里的农业开垦采取典型的“游农”方式，选择平坦的土壤水分条件较好的土地而耕。基本为靠天吃饭的雨养农业，其余坡地等仍以放牧为主。生产结构和经济来源依靠农业和牧业，所以称农牧交错带。

农牧交错带是我国现代沙漠化强烈发展的地区。我国的近现代农牧交错区从东北大兴安岭东侧沿河北、内蒙古边界向西，并延伸到内蒙古中部的阴山北坡地区，黄河河套的鄂尔多斯高原。据1987~1988年的调查，当时我国每年沙漠化土地扩展2100平方千米，其中1700多平方千米是在农牧交错带。

在农牧交错区北部，农业人口稀疏的地区，直到如今保持随意耕种的习惯。种植没有计划，种多少，种什么完全看播种季节降雨情况和土壤墒情。遇到春季降水较多，土壤墒情好的年份，可能从土地解冻开始犁种，并计算成熟期，种完小麦，种生长期较短的莜麦、糜子，直到种上生长期最短的荞麦，这时，已到小麦的成熟期，进入收割期，因此，这里的农业

相当原始，只有播种和收割两个生产环节。没有锄草、松土的环节，也从不对作物施肥，收获也非常低微。

春天是传统农业的耕播季节，也是我国北方农牧交错带的大风季节。被松翻的土地抵御风蚀的能力相当差，土壤颗粒和草原时期长期积累的土壤腐殖质和营养元素被风吹蚀也相当严重。特别是遇到强风时，可能吹蚀掉2~3厘米的耕地土壤层，这些土壤颗粒加入大风就形成沙尘暴，危害下风向。每年春天袭击首都北京的沙尘暴和浮尘都是经内蒙中部农牧交错区刮来的。

仅严重风蚀沙漠化地区的内蒙古乌兰察布盟后山7旗县，旱作耕地每年吹蚀表土1厘米以上的土地32万公顷，每年吹蚀土壤黏粒830万吨，有机质840多吨、氮素54000多吨。由于连续的风蚀，原来土层深厚的草原土壤腐殖质层被吹蚀贻净，出露钙积层。在内蒙商都县北部，开垦初期土壤有机质含量4%强，中度沙漠化时下降为1%多，到严重沙漠化弃耕时仅仅只有0.7%~0.8%。如果以此为标准计算，全国沙漠化土地每年损失的土壤营养相当于化肥17000万吨，总价值106亿元。

由于经常性出现风蚀损失，种子下种后往往遭风吹出，每一年要毁种多次。加上耕种土地有临时思想，使人们养成了不施肥的习惯，靠“听天由命”、“广种薄收”，对土地只用不养，土壤肥力下降迅速，导致粮食单产不断降低。例如内蒙雨养旱农地区，开垦初期可以“捉担”的土地（亩产可以稳定收获1担，担是旧时计量粮食的单位，各地不一，在内蒙古农业区为150千克），目前正常年份仅能维持亩产40~50千克的水平。

这些在“内地”失去土地，到“口外”种地的农民确切地说是一些“难民”，有很大一部分是原在地区的生态环境变化，土地荒漠化，为生态难民。他们闯关东、走西口的临时思想，从他们的生活习惯的方方面面表现了出来。例如埋葬去世者的方式是将棺木平放在村后平地上，用石块垒砌，以方便回故里“落叶归根”。对周围生态环境只有竭力利用的思想，没有长期稳定建设的思想。

自然条件的恶劣使生态环境非常脆弱，游农式土地经营方式是土地强烈沙漠化的根本原因。

草原在消失

我国干旱半干旱区（包括青藏高原风沙区）分布着3.31亿公顷天然草场，占全国天然草地总面积的84%还要多。内蒙古、新疆、西藏、青海和甘肃诸省区的干旱草原或高寒草原面积都在2000万公顷以上，被称做我国的五大牧场。

我国的草地，面临着最大的问题是退化。目前90%以上的草地处于不同程度的退化。其中，中度退化的草地面积占到1/3。而宁夏、陕西半干旱沙区退化草地面积90%~97%；甘肃、新疆、内蒙古，退化草地的面积42%~87%。并且退化草地面积正在不断地扩大。以内蒙古为例，20世纪70年代末退化草地面积2000多万公顷，占可利用草场面积35%多；而2005年，退化草地已达4000万公顷，占可利用草地面积60%。前后25年中退化草地面积增加了1700多万公顷，平均每年扩大100多万公顷，即每年以可利用草地面积2%的速度在扩大退化。

草地退化是荒漠化的主要表现形式之一。主要表现为农田、草原、森林的生物或经济生产力和多样性的下降或丧失，包括土地物质的流失和理化性状的变劣，以及自然植被的长期丧失。草地退化不仅是草的退化，又是土地的退化，其结果是草地生态系统的退化。

草地退化直接的具体原因在不同地区表现很不同，但可归纳为3个方面因素：自然因素、人为因素、政策因素。

自然因素主要是气候变化，即降水减少，温度增加，干旱化和温暖化。但据气象资料分析，近百年来我国北方草原区气候虽有波动，但并未发生重大变化。20世纪20年代末至30年代初，内蒙古出现过1~2次连续大旱，曾出现过不少内陆湖泊干涸，流沙扩展的情况，但并没有引起草原大面积退化。近几十年来，内蒙古草原区的气候也基本平稳，如温带草原区的东部，降水量的变化不大，所以气候变化不是大面积草原退化的主要因素。

大量调查和研究结果表明，近几十年来出现大面积的草原退化，主要原因是人类不合理的活动。这些不合理的活动主要是超载过牧；盲目开垦；不合理樵采；工矿发展中的某些负面影响等。

长期以来，我们总把土地平整、土壤肥沃、土层深厚、草地植被生长好的土地称做宜农荒地，视作开垦对象。1949 年以来，为了解决粮食问题，在我国广大的草原地区兴起了多次开垦浪潮，20 世纪 50～70 年代，新垦草地达 667 万公顷，“文化大革命”期间以及 90 年代初又有几次大的草原开垦。根据中科院调查，1998 年前后 10 年间，内蒙古东部 33 个旗县开垦草地近 100 万公顷，草原地区的开垦，多是广种薄收，粗放管理，加之这些地区降水量低，一经开垦，有机物质分解很快，且春季风大，农田无植被覆盖，风蚀严重，表层细微土粒极易被吹散，从而造成严重退化。

除了草原的滥垦使草原面积不断缩小外，盲目发展牲畜，超载过牧是西部草地畜牧业的普遍问题，也是草地退化的主要原因。在我国，现在天然草地平均超载 20%～30%，荒漠和高寒地区季节牧场超载 50%～120%，局部高达 300%。1986 年，西部 12 省区共有绵羊和山羊总数 1.17 亿只，1997 年达到 1.47 多亿只，11 年间增加了 3000 万只。内蒙古自治区 1947 年每只绵羊单位（大畜、小畜以食草量折合为绵羊食草量，表示牲畜总食草能力的量）占有草场 4 公顷多，利用强度甚低。短短 18 年间，牲亩头数大量增长，到 1965 年，平均每只绵羊单位占有草场不到 1 公顷，天然草场的载畜量已超过了负荷能力，以后 20 年牲畜头数一直维持在 7000 万只绵羊单位上下徘徊。正由于牲畜的超载过牧，草地牧草植物生长受到抑制，加之牲畜的践踏作用，日久天长，导致草地的退化。

草原超载及不合理放牧破坏草原植被，引起土地荒漠化。以内蒙古东部的锡林郭勒盟为例，解放初期共有牲畜 174 万头（只），草场面积为 19.3 万公顷，每头牲畜占有的草场面积为 111 公顷，到 1980 年，牲畜总数达到 527 万头（只），而草场面积由于开荒等原因减少为 14.2 万公顷，每头牲畜占有草场面积为 2.7 公顷，仅为解放初期的 1/40；再如内蒙哲里木盟，50 年代，全盟大小牲畜总计 37 万头，到 1979 年发展到近 370 万头，增长了 9 倍，平均每头牲畜占有的草场面积由原来的 13.3 公顷减少到 1.33 公顷。由于牲畜存栏数的增加，在草场生产力没有提高的情况下，必然出现过牧，造成草场退化，风蚀加剧。目前全盟沙漠化土地面积已占到草原总面积的6.8%。

不合理樵采与刈割也是草地退化的重要原因，在荒漠地区也常常导致土地荒漠化。如青海柴达木盆地的夏日嘎、查查香卡以及共和盆地的塘格木、新哲、哇玉等地，由于大肆挖掘固沙植物作燃料，引起生态环境失调，风蚀和土地沙漠化过程加剧，目前有的地区已成为不毛之地。不合理的长期连续无投入地割草，使草场退化已为许多试验研究所证实。在内蒙，连年的割草，输出大于输入，营养元素不平衡，从而使草地生产力下降，植物的高度和单株重量都下降，久而久之，草地产生了退化。而樵采也是草原退化的另一重要原因。在我国北方草原区，有如甘草、麻黄、知母、内蒙古黄芪等大量药用植物，也有蘑菇、发菜等经济植物。大量的长期挖坑、耧耙以及砍伐等活动，严重破坏草地植被、土壤或地表结构，从而引起草原退化。在鄂尔多斯高原草原，由于长期滥挖甘草、麻黄，到处土坑林立，严重破坏草地植被，在这一地区，每挖1千克甘草要破坏7~10亩的草地，据估算，在这个地区由此而破坏的草地，每年达到40万亩。甘肃省1994年因挖甘草破坏草场100万亩，给畜牧业生产造成的损失超过1000万元。敦煌及其他地区，任意采挖固沙植物甘草，致使成片沙地失去植被保护，采挖过后疏松的沙土风蚀起沙，造成土地沙漠化。宁夏盐池县高沙窝乡流墩村有草场近12万亩，近15年因挖甘草使7815亩草场变成流沙，2/3草场都不同程度沙化。在内蒙古由于搂发菜破坏草地近2亿亩，占草地面积近20%。

你还记得那首著名的北朝牧歌吗？“敕（chì）勒川，阴山下，天似穹庐，笼盖四野。天苍苍，地茫茫，风吹草地见（xiàn）牛羊。”宛如一幅草原放牧的优美图画。歌中唱颂的敕勒川在哪里？按歌中所指方位“阴山下”，当指现今内蒙古自治区巴彦淖尔盟河套平原和呼和浩特市、包头市的土默特川。我们这里讲一讲河套平原西部因农垦后荒弃沙漠化，东部因过度灌溉而盐碱化的故事。

中华民族的母亲河——黄河蜿蜒流到阴山下，折向黄土高原，在大拐

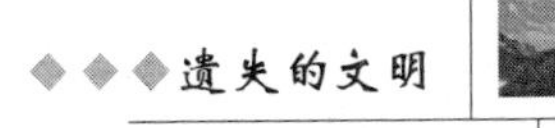

弯处冲积出一片平坦、土地肥沃的平原，这就是河套平原。

俗语说："黄河百害，唯富一套"，这个"一套"就指河套平原和银川平原。咆哮怒吼的黄河，在这里变得异常驯服温顺，这里地势低洼，略事工程，黄河就可以自流灌溉。自古以来，人们就在这里修建灌溉渠系，发展灌溉农业，把河套变成富甲天下的地方。

河套平原西部，现今乌兰布和沙漠西北部原是黄河冲积平原的一部分。

早在2000多年前的秦汉时期河套就有灌溉开发，秦代大将蒙恬收服匈奴后，修筑了狼山（阴山在河套平原正北的一段）下的边墙（秦长城），将这里置于秦的统治之下。西汉王朝击败匈奴之后，于公元前127年（汉武帝元朔二年）设朔方郡，共置10个县。朔方郡最西部的窳浑、临戎、三封三个县就分布在今日的乌兰布和沙漠的北部，经过内地移民大规模土地开发，这里变为"朔方无复兵马之踪六十余年"，"人民炽盛，牛马布野"的富庶农垦区。至西汉末年300多年间，这里一直为我国西北地区主要军事屯垦中心之一，并不存在严重的流沙问题。公元23年后，匈奴南侵，农业民族被迫迁出这个垦区，田野荒芜，灌区废弃，风蚀加剧。已被耕犁破坏的古黄河冲积平原的黏土表层，在失去作物覆盖的情况下，遭受强烈的风蚀，以致下覆沙层暴露地表，经风力吹扬遂成流沙。

逐渐消失的草原

公元981年（北宋太平兴国六年），王延德出使高昌（今吐鲁番）途经本地时，已是"沙深三尺，马不能骑，行皆乘橐驼"（橐tuó，橐驼即骆驼）、"不育五谷，沙中生草曰登相"。"登相"学名沙米，乃流动沙丘上的先锋植物。"收之以食"说明沙米广泛分布，生长茂盛，结实量大。根据沙地植被演替规律，沙米是流动沙丘上首先生长的物种，从而推知公元10世纪末，这一带地方恰是流沙初起阶段。到了1697年（清康熙三十六年）春，高士奇随清帝征讨噶尔丹，从今宁夏沿黄河西岸北行，直抵今磴口。所记沿途情况，黄河两岸尚有蒲草、红柳、锦鸡儿等固定沙丘上生长的灌丛，并未见流沙。清末，山西、河北一带“走西口”开发河套的大军开始深入沙漠，沙丘间平地皆被开垦，黄河边也有相当一部分辟为农耕地，沙丘开始活化。1925年修筑银川——磴口镇——三盛公——包头公路时，流沙距黄河也还很远，但到1937年后，磴口以南流沙已在很多地方直迫河岸，公路被阻隔。

清代以后河套平原东部逐渐修建了灌溉渠系，开发为灌溉农田。因为自然地势低洼，利于灌溉而不利于排水。加之靠农户的开发只能就近修筑灌溉渠系，而没有排水系统。经过一段时间的灌溉，地下水位逐渐抬高，土壤次生盐渍化严重发生。

直到20世纪50年代前这里土地开发仍然不大，山西、陕西、河北等省失去土地的农民到这里开垦土地，谓之“走西口”。他们在沙丘中间开垦出一片片土地，种植水稻，大量的水浸灌溉能起到洗盐的效果。土地的盐分通过水分蒸发，在沙丘上聚积，形成沙丘顶上为盐壳，丘间为稻田的特殊景象。

在抗日战争时期河套地区曾有屯垦军民70万人。

20世纪50年代，河套地区发生了大的变化。首先，1956年在上游磴口县修筑了三盛公水利枢纽和贯通平原的总灌渠，改原来的多处开口灌溉渠系为一首制（所有灌溉引水都从总灌渠引水），大大增加了灌溉能力，现在河套土地已经大部平整，土地连片，灌区的土地已经达到500万亩；其次，配套修建了排水沟系统，做到了有灌有排。

但是由于灌溉方式基本是沿用传统的大水漫灌方式，灌水过多和天然的排水条件不好，地下水在继续抬高，次生盐渍化仍然是困扰河套平原农业发展的主要矛盾。

在河套平原有很多不同一般的现象都与盐渍化有关。

秋灌或说是浇冬水是河套地区压盐、保墒的必要措施。但因地下水位过高，土壤盐分大多是横向移动，较晚的灌溉可以充分得以洗盐，所以，

农户养成了尽量推迟灌水时间的习惯。

我国北方干旱地区“春雨贵如油”，但在河套地区春雨却和盐霜一样，将土壤表面的盐分淋洗到种植深度，盐渍种子，故这里农民最怕春天的降雨。

现在，河套人民在逐渐改变了“大水门前过，不浇意不过”的大水漫灌旧传统，实施“浅浇快轮”等节水灌溉方法，河套的土地盐渍化逐步逆转。随着科学灌溉方式的推行，美丽富足的商品粮基地的前景已展现在人们面前。